守望者
The Catcher

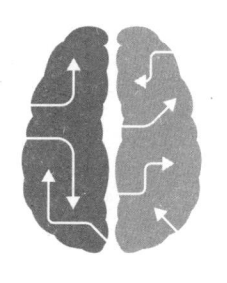

模糊逻辑趣谈

MO HU LUO JI QU TAN

苗东升 著

中国人民大学出版社
·北京·

前　言

　　朋友，你或许早已听说过"模糊逻辑"这个词，但繁重的工作或学习任务可能使你无暇阅读那些用成串、成篇的符号和公式表达出来的模糊逻辑学术专著；或许你的专业知识缺乏足够的数学训练，使你有点见到数学符号脸就变色的心理障碍。但一向以强调精确性著称的逻辑，竟然同模糊性握手言欢，这可能使你颇为好奇：什么是模糊逻辑？它是如何产生的？有哪些特点？有何科学价值？可获得哪些实际应用？前景怎样？如何在现实生活和工作中应用模糊逻辑？等等。如果你对这些问题感兴趣，那好，请你稳坐端详，听我慢慢道来。不过，在正式道来之前，先给你说说写作这本小册子的指导思想。

　　你可能希望首先概括地了解一下什么是模糊逻辑。对于这个问题，学术界有不同的理解和表述，没有公认的定义。但有一点是共同的：模糊逻辑是对传统逻辑的一种超越和修正，是为了认识和处理模糊性而制定的逻辑框架,是一套新的逻辑思想、逻辑概念、逻辑方法和逻辑公式。这样说显得太笼统,但在前言中如此讲也就够了;欲了解详情,你就得像看西洋景那样,"往里边瞧来往里边观",阅读正文吧。

作为科普读物,本书的写作宗旨是追求科学性与普及性、严谨性与可读性并重,着重介绍模糊逻辑提出的新的逻辑思想、逻辑概念和逻辑规则,尽量少讲符号化、定量化的逻辑演算。但模糊逻辑毕竟不是哲学逻辑,而是一种具体逻辑,至少目前主要是为解决科学技术问题而建构的,不可能完全不涉及逻辑符号和公式。我们力求把符号化、定量化的内容压缩到最低限度;然而,要多少窥见一点模糊逻辑的真面目,最基本的符号化、定量化表述还必须有所介绍,否则科学性就会大打折扣。朋友,硬着头皮读下去,你的符号恐惧症就会在不知不觉中减轻了,消失了。

虽然这本小册子是作为科普读物来写的,但也包含某些探索性的话题。迄今为止,对模糊逻辑的研究主要集中在如何利用现有计算机处理科学技术问题中的模糊性,但模糊逻辑研究的根本任务是揭示人脑如何使用模糊逻辑的机理,而学术界对此一直注意不够,一些最基础的东西尚无人论及。作者期望在这本小册子中有所弥补,探讨模糊思维的逻辑方法。既然人人都在实践中应用模糊逻辑,我、你、他都必定积累了这样那样的知识和经验，只不过尚未自觉到。普及性与探索性的界限也是模糊的，在一定程度上把二者结合起来不仅可能，而且很有益处。况且，只要不做形式化描述，谁都可以凭借丰富的日常生活经验，独立地对模糊逻辑的某些尚未被研究的问题进行研究，获得自己的体会。如果本书能够诱导你这样做，也就算达到目的了。

虽然作者不同意把模糊逻辑划归哲学逻辑范畴，却并不否认模糊逻辑具有明显的哲学意义。在现有的各种逻辑理论中，最广泛而深刻地运用了辩证哲学的是模糊逻辑。有鉴于此，这本小册子也很重视阐述模糊逻辑的哲学思想，以便引导读者借助辩证法来把握模糊逻辑，又借助模糊逻辑从一个侧面领悟辩证思维的妙谛。

作为一种逻辑理论的模糊逻辑产生于西方，在十多年后才被介绍到中国。但东方民族擅长模糊思维，中国传统文化极富模糊思维的资源和营养。本书力图把现代逻辑理论与中国传统文化融合起来，用模糊逻辑来解读中国传统文化，用中国传统文化来丰富模糊逻辑思想。作者也希望读者将模糊逻辑与中国传统文化相互印证，以求更好地把握它们。

作为对传统逻辑的一种拓广或修正，模糊逻辑的大多数概念和术语是从传统逻辑中借来的，只不过给以模糊化的改造。所以，凡是传统逻辑已有的术语和概念，作者都不加解释地沿用，本书着意解释的只是它们的模糊化对应物。如果你对模糊逻辑的某个概念或术语在传统逻辑中的对应物尚不了解，请参阅传统的逻辑著作。

还有一点必须声明的是，提倡模糊逻辑并不等于鼓吹废弃精确逻辑，而是要改变"罢黜模糊，独尊精确"的不正常局面。精确逻辑和模糊逻辑都是不可缺少的，正确的做法是把它们"都用到该用的地方"：该精确处用精确逻辑，该模糊处用模糊逻辑。

目　录

一、模糊逻辑史话 ······································· 1
  1.1　要精确性，不要"精确性崇拜" ················ 1
  1.2　秃头悖论——精确逻辑无法破解的千古之谜 ······ 8
  1.3　计算机为何"翻脸不认人"——未必越精确
      就越好 ·· 14
  1.4　逻辑精确化运动中的另类声音——模糊逻辑
      前史 ·· 21
  1.5　精确性与有意义不可兼得——不相容性原理 ····· 28
  1.6　札德——模糊逻辑之父 ························ 32

二、模糊性——逻辑学面临的挑战 ······················· 38
  2.1　你是高个子吗——模糊性指事物类属的
      不分明性 ······································ 38
  2.2　士别三日，当刮目相看——模糊性是个程度
      问题 ·· 45
  2.3　对模糊性的种种误解 ························· 52

2.3 对模糊性的种种误解 …… 52
2.4 模糊性最容易出现在哪里 …… 60

三、模糊集合论 …… 64
3.1 从改造传统集合论做起 …… 64
3.2 从老师阅卷打分看模糊集合 …… 69
3.3 谈谈模糊集合的运算 …… 77
3.4 远亲不如近邻——关系也有模糊性 …… 81
3.5 模糊描述的去模糊化——模糊截割 …… 89
3.6 如何确定隶属度 …… 91

四、模糊逻辑概述 …… 94
4.1 没有统一定义的模糊逻辑 …… 94
4.2 札德意义上的模糊逻辑 …… 98
4.3 说说语言变量 …… 102
4.4 人脑使用的模糊逻辑 …… 108
4.5 务必学好模糊语言 …… 113
4.6 语言方法的复兴 …… 117

五、模糊概念 …… 121
5.1 概念的外延延伸到哪里——什么是模糊概念 …… 121
5.2 不要概念模糊,但要模糊概念 …… 126
5.3 什么是嬉皮士——阐释模糊概念的逻辑方法 …… 135
5.4 概念有无模糊性的"检验器"——模糊语气

　　　　算子 …………………………………………… 140
　5.5　什么是狗——人脑如何掌握模糊概念 ………… 149
六、模糊判断 ……………………………………………… 154
　6.1　模糊判断——模糊点才能留有余地 …………… 155
　6.2　模糊谓词——进入谓词的模糊性该如何分析 …… 159
　6.3　模糊真值——进入真值的模糊性该如何分析 …… 162
　6.4　模糊量词——进入量词的模糊性该如何分析 …… 168
　6.5　模糊命题逻辑——进入联结词的模糊性该如何
　　　　分析 …………………………………………… 171
七、模糊推理 ……………………………………………… 174
　7.1　用模糊判断能否构成精确推理——什么是模糊
　　　　推理 …………………………………………… 174
　7.2　有点红的葡萄是否熟了——模糊假言推理 ……… 179
　7.3　近邻的近邻的近邻还是近邻吗——模糊关系
　　　　推理 …………………………………………… 184
　7.4　比巨人高的树能称为巨树吗——混合模糊
　　　　关系推理 ……………………………………… 191
　7.5　让计算机进行模糊推理——模糊推理的合成
　　　　规则 …………………………………………… 194
　7.6　尤二姐是王熙凤害死的吗——模糊溯因推理 …… 198
　7.7　从发明叩诊谈起——类比推理的模糊性 ………… 203

  7.8 解开秃头悖论之谜 …………………………………… 206

  7.9 说说模糊"若—则"规则和模糊条件语句 ……… 208

八、模糊论证 ……………………………………………………… 210

  8.1 无法避开的模糊论证 ……………………………… 210

  8.2 模糊论证结构的系统分析 ………………………… 213

  8.3 模糊论证的建构 …………………………………… 219

  8.4 模糊论证的评估 …………………………………… 223

  8.5 模糊定义、模糊定理、模糊证明 ………………… 225

九、模糊思维 ……………………………………………………… 229

  9.1 什么是模糊思维 …………………………………… 229

  9.2 模糊思维的基本规律 ……………………………… 233

  9.3 不善于模糊思维者当不了诗人 …………………… 239

  9.4 俄罗斯休克疗法为何失败——模糊性与创新思维 …………………………………………………… 246

  9.5 "难得糊涂"难在哪里 …………………………… 248

  9.6 从模糊信息粒化理论看言表思维 ………………… 252

十、模糊逻辑的应用 ……………………………………………… 256

  10.1 墙里开花墙外红——模糊逻辑的早期遭遇 …… 256

  10.2 如何把你的小汽车停在指定位置——模糊控制 ……………………………………………… 259

  10.3 没有最优,满意就行——模糊决策 …………… 266

10.4　词语计算 ……………………………………… 269

10.5　似是而非的成功——模糊逻辑的未来 ………… 274

主要参考文献 …………………………………………… 279

后　记 …………………………………………………… 282

一、模糊逻辑史话

现代逻辑学已是一棵枝繁叶茂的大树，模糊逻辑是这棵大树晚近才长出来的一个分枝，可谓老树新芽。欲真正了解这个逻辑学新分枝，需要从大树的根部说起，考察它是从逻辑学哪个部位分叉出来的，又会向什么方向生发拓展，与逻辑学大树原有的干和枝有何区别和联系。为此，我们首先对模糊逻辑孕育和产生的历史做一番简单回顾。

1.1　要精确性，不要"精确性崇拜"

从脱离动物祖先以来，早期人类就形成了特有的思维能力，能够把感性认识上升为理性认识，形成概念、意象、判断、形象等。在艰难曲折的生存发展过程中，人们逐渐发现不同思维成分之间存在一定关系，思维活动有某种规则可循，意识到人们在陈述思想、交流知识和表达感情时存在是否准确、是否清晰的差别；为避免混淆概念和自相矛盾，有必要规范自己的思维活动，对概念、意象、判断、形象进行推敲加工。远古的人类在不知不觉中开始捉摸如何运用逻辑的问题，由此萌发了逻辑思想。关于这一点，在各民族有文字记录的历史和口头传说中，都有蛛丝马迹可以追寻。

公元前500年前后，在先秦时期的中国和西方的古希腊都涌现出一批智者，他们勤于思考，擅长分析，喜欢辩论，"治怪说，玩琦辞"（《荀子·非十二子篇》），咬文嚼字，高谈阔论，在创造了许多辩论技巧的同时，也发现不少逻辑疑难和困惑，提出一些很有逻辑意义的悖论，构造了许多著名的推理和论证。在中国，有邓析的"两可之说"，惠施的"历物之意"，公孙龙的"坚白之辩"，等等。在古希腊，有埃庇米尼得斯的"说谎者悖论"，芝诺的"飞矢不动"，普罗泰戈拉的"半费之讼"，等等。他们的活动激发了人们对逻辑的兴趣，积累了大量逻辑学素材，包括谬误和诡辩，成为逻辑学后来发展的源头。

这一时代的中后期，无论是中国还是古希腊，都有学者开始着手对逻辑进行系统的理论总结。在中国主要是墨家学派，其成就汇总在《墨经》中，对逻辑学的概念论、判断论和推理论做出独到的阐释。在古代西方逻辑发展史上，逻辑理论的集大成者是亚里士多德，他第一个系统地研究了抽象思维的形式结构，特别是对三段论做过精到的分析，研究了逻辑思维的三个规律，使逻辑从哲学中独立出来，为西方近现代逻辑的形式化发展培育了重要基因。中国逻辑学始终没有走向研究思维的形式结构，也未同哲学认识论划分开来。东西方逻辑学从一开始就有各自的特点，但在强调逻辑规则的严格性上是一致的。

另外，为了生存发展，在观测天文、开垦土地、耕作渔猎、制作陶器等生产活动中，远古的人类逐渐意识到事物的属性有定性和定量的不同，培育了一种在考察对象时撇开对象的其他特性而仅仅顾及数量和几何形状的能力，建立起数和形的概念，掌握了某些观察、测量、数数、计算和绘制图形的技巧，积累了初步的数学知识（算术和几何），开始形成精确思维能力。在这些方面，古中国至少不亚于古希腊，总体水平甚至更高些。但欧几里得创造了公理方法，其巨大的逻辑意义虽然未被当时的逻辑学家充分理解，却为西方逻辑学未来走向公理化奠定了基础，或者说创生出极其必要的基因。相比之下，尽管中国古代思想家提出了"精益求精"这一科学原则，却未产生公理化思想，中国逻辑学靠自身的发展难以走上精确化、形式化道路，对模糊性的逻辑把握却胜于西方。

邓析等人把玩的"山渊平""天地比"（《荀子·不苟篇》）

之类命题，之所以能够"其持之有故，其言之成理，足以欺惑愚众"（《荀子·非十二子篇》），正在于他们利用了平与不平、比与不比之间界限不分明这种模糊性。名家虽然"控名责实"，并不区分模糊的名词与精确的名词，而是笼而统之地对待两者。墨家关于"说"和"辩"的理论，大量使用模糊的概念（名）、判断（辞）和推理（说）。对于始终从属于哲学认识论的中国古代逻辑学来说，不需要也不可能提出消除模糊性的问题。包含太多的模糊性，缺乏向近代精确化方向演变的基因，是中国古代逻辑学的重要特点，是优点，也是缺点。但也应当承认，包含模糊性对古代逻辑学是不可避免的。就是亚里士多德，他的逻辑理论中也有无法排除的模糊概念和模糊判断。精确与否属于定量化描述的概念，只要没有符号化、数学化，即使强调逻辑规则的严格性，即使发现了思维的某种形式结构，逻辑学仍然不可能走上精确化道路，不会把模糊性完全排除在外。因此，古代逻辑学必然是精确性与模糊性的混合体。

　　逻辑的精确化是从莱布尼茨开始的，更精确地说，起点是笛卡儿关于逻辑代数的探索。莱布尼茨同时也是数学家，与牛顿分享创立微积分的历史盛誉。数学家的经历使他被几何论证符号化中显示的代数威力所折服，产生了数学是一种普遍语言的观点，试图把代数方法引入逻辑，建立一种代数化的逻辑。面对微积分实际应用的有效性与理论基础的脆弱性这一矛盾，以及由此而遭遇到的质疑和攻击，逻辑学家的经历又使莱布尼茨萌发了把数学逻辑化的思想。如此两种身份集于莱布尼茨一身，实乃逻辑学的大幸：正是他的这些工作启动了逻辑符号化、数学化的历史进程。

逻辑精确化的高潮出现在19世纪。数学、力学、天文学、物理学的巨大发展，形成了恩格斯所说的精密科学群，为逻辑学的精确化创造了适宜的科学文化环境。特别值得一提的是，于19世纪中期兴起，到20世纪初基本完成的数学基础严密化运动，为逻辑精确化提供了强大的推动力，新逻辑思想丰饶的源泉，以及对逻辑精确化的科学性进行有效检验的标准。首先是汉密尔顿、德·摩根和布尔等人的开拓性工作（19世纪上半期），而后有弗雷格、罗素等人的决定性贡献，在短短几十年内，传统逻辑沿着不断追求更高精确性的方向取得惊人的发展。这场逻辑精确化运动的最高成就是建立数理逻辑，模糊性从此被彻底赶出逻辑学殿堂，概念的定义、命题的陈述、推理的规则、逻辑联结词、逻辑真值、量词，所有这些逻辑要素都获得严格的、精确的定义，得到形式化的表述。这样一来，模糊性在逻辑学中就没有什么容身之地了。逻辑学的这种发展为现代科学技术提供了强有力的思维工具，终于把还原论科学推上顶峰。有人说，科学技术在20世纪的成果超过了截至19世纪的数千年成果的总和。没有逻辑的精确化，这是不可想象的。

　　人们总是按照成败功过来评论人物、事件，以至方法、技术、理论之长短优劣的，这原本无可厚非，因为它符合实践论观点。在人类科学文化发展史上，任何一种成功的方法都会赢得高度尊重，并获得方法论的表述。精确化方法亦然。19世纪的两位伟大学者，物理学家开尔文和哲学家、社会学家马克思，各自独立地提出一个十分相近的方法论命题。前者宣称，一门科学如果不是定量的，就不能算是科学。后者认为，一门科学只有当它运用了数学工具时，才算是充分发展了的。科学技术精确化的实际业绩，加上两位学者的权威影响，使这种方法论观点得到广泛传播，并在20世纪更加发扬光大，"精益求精"终于成为现代科学技术的基本信条，模糊方法越来越受到轻视和排斥是不可避免的。

　　但事物总有两重性。伴随着精确方法的绝大成功，在科技界乃至社会大众中形成了一种系统而片面的方法论观点：(1) 尊重精确的、严格的、定量化的东西，贬低甚至蔑视模糊的、不太严格的、定性表述的东西；(2) 认为精确总是好的，模糊总是不好的，越精确就越好；(3) 断言科学的方法必定是精确方法，模糊方法一概是非科学方法，或前科学方法，亦即在尚未找到精确方法之前的权宜方法；(4) 相信科学技术的精确化努力永无止境，今天没有精确化的东西，明天或后天一定能够精确化，用这种办法不能精确化的东西,总可以找到另一种办法实现精确化;(5)以为精确化具有绝对的科学性,质疑精确化被视为非科学或反科学的异端邪说,断言近现代科学赖以产生发展的怀疑精神不可能也不允许应用于科学方法的精确化发展上。科学方法论的这种绝对化观点,被札德戏称为"精确性崇拜"[①],长期统治着社会大众特别是科技工作者的思想。读者朋友不妨检查一下,你的思想中是否也有"精确性崇拜"。

崇拜作为一种社会心理现象,是人类行为的动力源泉之一,常常能够产生超乎寻常的巨大力量,许多时候还是非常积极的力量。无论个体还是群体,适度的崇拜能够提供有益的精神寄托,一个没有任何崇拜的人群很难和谐健康地生存发展。但崇拜毕竟是一种包含非理性的意识形态,因为它是以取消或放弃科学怀疑精神为前提的;一旦过了头,就可能产生巨大而有害的社会后果。盲目崇拜,即使施之于某种卓有成效的科学理论和方法,也会在实践中暴露其非科学甚至反科学的一面,转化为继续前进的阻力,必须加以清算。科学发展本身产生出"精确性崇拜"这种非科学的东西,理性中孕育着非理性因素,这也是客观规律的辩证性使然。归结为一句话:辩证法认为,必要的精确化是好的,但"精确性崇拜"要不得。

---

① 《ACM通讯》编辑部. 如何处理现实世界中的不精确性——L. A. Zadeh 教授访问记. 廖群,译. 模糊数学,1984(12).

1.2 秃头悖论
——精确逻辑无法破解的千古之谜

在某些公认正确的背景知识下，可以合乎逻辑地构造出两个既相互矛盾又可以相互推出的命题，称为逻辑悖论。古代学者特别是古希腊人已经发现了许多悖论，最著名的如说谎者悖论、芝诺悖论、鳄鱼悖论等。他们围绕这些悖论的智力角逐，对逻辑学的形成发展起了很大推动作用。逻辑史上许多著名事件都与悖论的发现、讨论和解决有关。上述逻辑精确化过程也是研究逻辑悖论的过程。其中，康托悖论和罗素悖论的提出、讨论，以及围绕古老的说谎者悖论的讨论，在这场逻辑精确化运动中发挥了至关重要的作用。

但是，即使仅仅局限于悖论研究，精确化也未必是万能的。一些古老的悖论，最著名的是古希腊麦加拉派发现的秃头悖论，就无法通过逻辑精确化来解决。我们用现代语言把它表述为：向阳红是一个满头乌发的小伙子，掉了一根头发后他还是满头乌发的小伙子，如此一根接一根地掉下去，最后就会得出"一发皆无的向阳红还是一个满头乌发的小伙子"这一荒谬结论。

秃头悖论还可以做反向表述。"没有一根头发的人是秃头"无疑是真命题，记作 A_0。"比秃头多一根头发的人还是秃头"，记作 B，显然也是真命题。我们利用这两个真命题连续地进行以下推理：

由 A_0 与 B 可以推出命题"有一根头发者仍是秃头"，记作 A_1；

由 A_1 与 B 可以推出命题"有两根头发者仍是秃头"，记作 A_2；

············

由 A_{n-2} 与 B 可以推出命题"有 $n-1$ 根头发者仍是秃头"，记作 A_{n-1}；

由 A_{n-1} 与 B 可以推出命题"有 n 根头发者仍是秃头"，记作 A_n。 (1.1)

其中，n 可取任何自然数。据统计，正常人的头发根数约 100 万。取 n＝100 万，这个推理最后得到的结论即命题 A_n，意指"长有 100 万根头发的人仍是秃头"；或者用非精确化的日常语言讲，满头秀发者为秃头。这显然太荒谬了。

麦加拉派还提出同一类型的另外一个悖论，即谷（沙）堆悖论。打谷场上有个小山似的谷堆，包含多少粒谷子难计其数，但总是一个有限数。拿去一粒谷子，它还是一个谷堆；再拿去一粒，它仍然是一个谷堆。如果一粒接一粒不断地拿下去，直到打谷场上一粒谷子都没有了，逻辑上还得说它是一个谷堆。这难道不是荒谬绝伦的吗？

有人或许觉得，麦加拉派抓住的不过是个别孤立现象，不足挂齿。但实际上，这种悖论在现实生活中随处可见，简直可以说不计其数，一抓一大把。例如：

身高悖论："身高两米的人是高个子"，"比高个子低一毫米的人还是高个子"，用这两个真命题连续进行推理，将得到"土行孙是高个子"① 的假命题。反过来说，以两个真命题"身高不足半米的人是矮个子"和"比矮个子高一毫米的人还是矮个子"为前提，可以推出假命题"姚明是矮个子"。小巨人成了矮个子，世界上还有几个人不是矮个子呢？

年龄悖论："七十岁的人是老年人"，"比老年人晚生一天的人还是老年人"，是两个真命题；以它们为前提，可以得出"婴儿是老年人"的假命题。

朋友悖论：以真命题"刚刚结识的朋友是新朋友"和"新朋友在一秒钟以后还是新朋友"为前提，可以逻辑地推出假命题"新朋友在十年之后还是新朋友"。

有人可能认为，这些悖论所涉及的都是生活琐事，既无科学意义，亦无学术价值，更不会影响工程技术应用，逻辑学完全可以置之不理。对于古代人或许可以这样说，在科技和学术高度发达的今天则不可作如是观。哲学地看，一切普遍存在的

---

① 土行孙是神话小说《封神榜》中的人物，侏儒式的身高，但身怀绝技，尤善土遁法。

东西都具有科学意义，迟早会成为科学研究的对象；有科学意义的东西一般都可能找到实际应用，至少有锻炼智力的功能。秃头悖论的变种既然如此普遍，逻辑学就不能永远弃之不顾。何况它绝不仅仅存在于生活琐事中，在科学技术和学术文化领域同样不胜枚举。请看以下两个例子。

频率悖论："$\omega=16$ 赫兹是低频"为一真命题（人耳能够听到的声音在 16~20 000 赫兹范围内），"比低频高 1 赫兹的还是低频"也不失为一个真命题。如此不断推论下去，就会得出"$\omega=20\,000$ 赫兹仍是低频"这个完全不能接受的错误命题。它等于说，一切频段都属于低频，中频和高频是没有意义的概念。反过来，也可以说一切频段都是高频。这是无线电科学和工程技术不能同意的。

时代悖论：孔夫子无疑是古代人，比他晚生一天的人当然也是古代人。以这两个显然为真的命题为前提，可以逻辑地推定今天（2019 年 10 月 1 日）尚在产房嗷嗷待哺的婴儿也是古代人。或者说，古代就是现代，现代就是古代。

前一悖论属于自然科学和工程技术范畴，后一悖论属于人文社会科学范畴，都是秃头悖论的变种，深具理论和学术意义。读者朋友大概早已注意到，在西方发达国家学术理论界近乎取得话语霸权的后现代主义思潮，已大张旗鼓地进入中国，影响着中国学人的思想走向。这些后现代主义学者把人类社会的发展演进划分为前现代、现代和后现代三大时代或形态，热烈地讴歌"后现代转向"，鼓吹建立所谓后现代科学、后现代理论、后现代文化、后现代艺术，归根结底是要建立后现代社会。如果秃头悖论不解决，人们便可以说：现代就是后现代，后现代就是现代，或者前现代即后现代，后现代即前现代。如此随心所欲，学术研究还有什么科学性可言呢！

聪明过人的古希腊智者们始终未能破解秃头悖论，或许可以归咎于那时的科学文化水平太低，加上它们没有实际价值，只可当作逻辑学家书桌上摆设的玩具，不必认真对待。但在逻辑精确化运动获得极大成功之后，在人类有能力登上月球、评说夸克、重组基因的现时代，逻辑学仍然不能破解秃头悖论之谜，不能不说是对人类智慧的嘲弄。即使它们真的没有任何实用价值，为了维护人类智慧的尊严，逻辑学似乎也不能继续置之不理。

问题出在哪里？我们来仔细检查一下推理（1.1）。两个前提都是真命题，每一次推理在逻辑上都符合规则，因而推理操作不会改变结论的真值。但随着推理步骤增多，你就逐渐感到结论的真实性有问题，推理步骤越多，结论的真实性就越小，在不知不觉中你就从真理走向荒谬。然而，毛病究竟出在哪一步，人们却找不到。同样是古希腊提出的逻辑难题，为什么说谎者悖论引起逻辑学界那么大的兴趣，而秃头悖论却无人过问？

这不能不令人深感困惑。

精确性要靠定量化描述来保证，把定量化描述用于秃头悖论，要求确定一个作为分界线的头发根数 k，n＝k 时为秃头，n＝k+1 时为非秃头。如此划分界定，精确倒是精确了，却极不合理，一发之差足以区分秃与非秃，这样一个数 k 根本就不存在。这就告诉人们，并非一切逻辑难题都属于数量化、精确化不够的问题，逻辑的正确性和有效性并非总是同精确性和严格性联系在一起的。秃头悖论便属于这种问题，它不存在可以精确描述的分界线，找不到精确化的切入点，没有精确化方法的用武之地；相反，它的逻辑困难有可能是对精确性和严格性的过分要求造成的，解决它需要新的逻辑思想。

罗素在 90 多年前已经认识到这一点。他指出："秃头是一个模糊概念；有一些人肯定是秃子，有一些人肯定不是秃子，而处于这两者之间的一些人，说他们必须要么是秃子，要么不是，这是不对的。"[①] 就是说，有些逻辑问题，包括秃头悖论，需要从精确性的反面——模糊性去考察，另辟蹊径。

辩证法教导人们，一切事物都具有两重性：有优点必有缺点，有缺点必有优点；有得必有失，有失必有得。如果相信这一点，就应该做出以下评估：精确性也具有两重性，精确化既

---

① 伯特兰·罗素. 论模糊性. 杨清，吴涌涛，译. 模糊系统与数学，1990，4(1).

带来逻辑学的巨大进步，也不可避免会给逻辑学发展带来某些局限或弊端。逻辑学要继续发展，就不能"一条道走到黑"，应当在精确化之外寻找新路子，重新认识模糊性。

1.3 计算机为何"翻脸不认人"
——未必越精确就越好

唯物史观认为，批判的武器不能代替武器的批判。要清除"精确性崇拜"，没有逻辑理论和哲学的批判武器不行，只有这种批判的武器也不行。清算"精确性崇拜"的决定性力量来自社会生活各方面（特别是科学技术）的强大需要，这种力量除了表现为正面的推动或拉动之外，反面的即否定性作用也非同小可，因为正是科学技术精确化发展和应用的实践，充分暴露了精确化的局限性和"精确性崇拜"的非科学性。本节先谈这后一方面。

科学技术精确化发展最辉煌的成就之一，是电子计算机的发明创造。它能使人脑的某些思维活动外化、物化，用机器来模仿代行，故称之为电脑。电脑不仅运行速度超乎想象的高、信息储存量超乎想象的大，为人脑无法比拟，而且运算精确性更是人脑望尘莫及的。人脑运算的精度通常在 10^{-2} 至 10^{-3} 数量级，目前电脑的精度却可以达到 10^{-15} 数量级以上。凭借这种精确性，登月球、探火星、测基因、在纳米尺度上加工操作，诸如此类的人类壮举才成为可能。就连人类互相厮杀的战争，也随着计算机技术的发展而迎来新的重大变革，发明和使用远距离精确制导武器，催生了靠远程精确打击制胜的所谓精确化战争。曾记否，凭借以计算机技术为核心的信息技术，美国佬从远离巴尔干的军事基地发射导弹，精确地击中中国驻南斯拉夫联盟大使馆，制造了一场史无前例的外交危机，赤裸裸地暴露出帝国主义的霸道嘴脸，至今还在刺激着中国人的神经。在臭名昭著的入侵伊拉克战争中，全世界人民首次见识了精确化战争的真面目。

电脑既是逻辑精确化、思维精确化和科技精确化发展的产物，又是逻辑、思维和科学技术进一步精确化的强有力工具。它的成功带来一种普遍的奢望：利用日新月异的计算机技术，把科学技术的精确化推向一个新高度，在人类社会生活中一切尚未精确化的领域都实现精确化。从1950年代以来，我们到处可以看到在这种奢望驱动下的努力奋斗，看到一个又一个轰动一时的成功。电脑的神奇大大强化了人类的"精确性崇拜"，似乎人类生活一切方面都做到精确化指日可待。然而，也正是精确、快速有如神助的电脑，在一些极其简单易行的问题上暴露出意想不到的笨拙和低能，击碎了精确化美梦。最典型的是人的面貌识别。

婴儿大脑远未发育成熟，完全谈不上精确思维，思维能力无法与成人相比；成人大脑的精确思维能力又无法与计算机相比。按照传统逻辑的关系推理，由此应该得出结论说，与计算机相比，婴儿的思维能力不值一提。但人人都知道，出生不久的婴儿，只要不是饿得厉害，他（她）就只吃母亲的奶，拒绝吮吸别人的乳头，表明婴儿已经具备识别母亲的能力。令人难以置信的是，当科学家试图让计算机来模拟这种识别活动时，发现如此不值一提的婴儿思维能力竟是任何高超的计算机都难以模拟的。这是为什么？

思维是一类特殊的信息处理过程。计算机"思维"与人脑思维的比较研究发现，二者处理信息即思维的机理截然不同。就识别人这一点来说，婴儿仅仅需要记住母亲面貌、形体（或者还有气味）等方面的几个模糊特征，就足以把母亲与别的女性区分开来，完全不靠测量计算。计算机只会精确思维，要它识别某人，必须先把该人的一批特征表示为一系列精确的计算程序，作为已知模式存入计算机。当待识别的对象出现时，计算机立即对其有关特征进行观察测量，并用程序语言表示出来，再同内存的模式一一对照，确认所有特征都相同之后，计算机便给出信号，表示它认出了该模式（比如说母亲）。相反，只要对象特征有一丁点儿与内存模式对不上号，计算机便认定该人不同于该模式（母亲）。

然而，至少有两方面的原因决定了无法靠计算机完成这个任务。其一，人的面貌、形体等特征大多是模糊的，如杏壳眼、柳叶眉、瓜子脸、虎背熊腰、满脸皱纹等，无法用定量化方法精确地描述出来，既不能形成已知模式存储在计算机内，也不能在面对识别对象时把她或他的特征精确地测量和表示出来，因而无法实际上形成识别活动。其二，一旦给定已知模式，计算机便只能严格按照该模式进行识别，不允许对象有任何变化；否则，它就判定对象是不同于已知模式的另一个人。但现实的人即使不是在有意地改变或伪装自己，也总是不断变化的。母亲只要稍微有点变化，或者换了种发型，或者长个粉刺，或脸晒黑了点，或者人瘦了点，或者化了点淡妆，甚至仅仅因为她嘴角偶尔粘了一颗米粒，计算机也会因内存模式中没有描述这种变化而拒绝承认她是母亲。难怪有人开玩笑说：让计算机执行识别人的任务，它会"翻脸不认人"的。

中国人爱讲：成也萧何，败也萧何。我们可以类似地说，电子计算机成也精确，败也精确。在识别人的问题上，正是由于计算机太精确，锱铢必较，才显得太无能；婴儿没有精确思维能力，反倒能够轻而易举地完成识别任务。高度精确成了计算机笨拙与无效的根源，只能处理模糊信息反而成为无知婴儿的极大优势——谁说模糊一定不如精确呢？或许你觉得这个例子没有实际价值，只可供老师在讲台上用作例子，不足挂齿。那好，我们来考察一个有实际意义的事例。

由于高度发达的现代交通条件给罪犯流窜作案提供方便，建设和维护法治社会要求不同地方的警察协同作战，准确而高效地识别外地通报的陌生犯罪分子。乍看起来，利用快速精确的电脑识别罪犯是最理想的，但实际操作时却发现全然不是那回事。打个比方，北京市公安局某日接到广州市公安局通告，据线人密报，毒犯黄阿昌携带数量不详的摇头丸上了 T16 次列车，欲交给正在北京的刘姓毒犯。黄犯个子不高，30 多岁，圆脸，肤色微黑，高额头，深眼窝，厚嘴唇，广东口音，左腿有点瘸。为了找到刘姓毒犯，查出暗藏的贩毒网络，北京市公安局领导决定在北京西站查明但不惊动黄犯，以便合理布控。如果把侦查任务交给计算机来完成，北京市公安局必须在不到 24 小时的时间内编制出一套计算机程序，精确地把黄犯的特征描写出来。但事实上很难做到这一点，因为黄犯的几个特征大都是定性的、模糊的，无法做定量描述，即使"30 多岁"这个看似定量的特征，也难以用精确程序语言表示出来。退一步说，就算上述特征可以编为程序，犯罪嫌疑人总会有所伪装，而警察无法预测黄犯如何伪装，也就不能事先编出程序。可见，在这种场合下单靠计算机识别犯罪嫌疑人是不现实的。然而，如果派几个有经验的侦察员到车站，他们只要熟记犯罪嫌疑人的几个模糊特征，发挥模糊思维的长处，眼看心想，反复对照，反复分析推理，把犯罪嫌疑人惯用的伪装方式考虑进去，十之八九能够把黄阿昌从摩肩接踵的人流中识别出来。各国各地的警察实际上也都是这样做的。

你或许又觉得，此一例子还是太普通了，科技含量不够。那好，我们举一个高科技的例子。人工智能（简称 AI）是随着计算机出现而兴起的，在过去半个多世纪中取得很大成功，如开发专家系统等；今天更成为第四次工业革命的重要角色，世界各主要大国都在抢占制高点。这些轰动一时的成就，都得力于计算机无可比拟的快速、精确和大容量（信息存储）。它们使人工智能专家备受鼓舞，以为人的智能几乎都可以用计算机代替，有人甚至鼓吹电脑能够胜过人脑，人总有一天要受计算机的支配。比较一下电脑与人脑智能的长短优劣，这些奇谈怪论就会不攻而破。

这是一堂中学语文课，老师在读了一个故事后，要求同学概括一下它的主要情节。一般情形下，同学们都能较好地完成任务，那些喜爱语文的同学表现尤其出色，往往能得到老师表扬。如果把这种看似简单的事交由计算机来干，科学家们发现，只有当故事较短而且具有"硬"结构时，计算机才能勉强完成任务。例如，一篇关于公路交通事故的短篇报道的概述，无非是说明事故发生的时间、地点、车型、伤亡情况、事故责任等，即具有某种预先规定的"硬"结构，勉强可以让只会精确思维的计算机"读懂"故事，给出基本正确的概述。如果故事太长，特别是不具备"硬"结构时,比如概括《红楼梦》某一回的情节,计算机就抓瞎了。仅就《红楼梦》的前八十回讲,一回一种叙述模式,除了以"话说"或"却说"开头,以"且听下回分解"结尾这一点回回相同(硬结构)之外,事件、情节都无共同的框架,即没有"硬"结构,不能按照一定的程序去概括。随便挑一回,比如第二十九回——"享福人福深还祷福,多情女情重愈斟情"。我们不说前半回贾母率众到清虚观打醮烧香的种种事端,只看后半回为刻画宝玉和黛玉"两个人原是一个心……却都是多生了枝叶"。对于描述"求近之心反弄成疏远之意"那一段,作者设计了一场很个性化的言语冲突,做了一番精彩的心理描写,十分耐人寻味,这些却没办法让计算机来概括。这不仅因为作者使用的全是模糊语言,更在于那段心理描写的精妙绝伦,被脂砚斋称为"囫囵不解之语",读者(包括计算机专家)常常感到难以准确理解。理解是概括的前提,如果连软件设计者都没有很好理解,不会用程序语言精确表达,计算机又怎样去概括呢?

中学生擅长概括故事,得力于他或她能够掌握模糊概念,处理模糊信息,理解用不精确的自然语言讲述故事,从而进行概括,这是人脑智能的优势。计算机只会精确思维,使它无法掌握模糊概念,不能处理模糊信息,面对那些用大量模糊概念和模糊语言讲述的故事,有如天书一般难懂,神奇的计算机便一筹莫展了。如果把计算机的无能归到它的设计者头上，那便意味着即使一流科学家，只要他面对模糊事物而坚持精确思维，固守"精确性崇拜"，也会在与中学生的智力较量中败下阵来。古人已经懂得：尺有所短，寸有所长。精确逻辑和精确化的种种无奈，表明精确化也有所短，模糊描述也有所长。

1.4 逻辑精确化运动中的另类声音
——模糊逻辑前史

模糊和精确是一对矛盾，它们在现实世界中相比较而存在，在认知活动中通过相互对照而被人理解。要从逻辑学中彻底排除模糊性，你就得对现实存在的模糊性做全面而精细的逻辑分析。可是，对模糊性的考察越全面而深入，你对模糊性在逻辑乃至整个科学中的价值的认识就越清晰而深刻，承认模糊性、尊重模糊性、利用模糊性之心便油然而生。所以，在逻辑学和数学越来越走向精确化的历史过程中，特别是精确化运动走向高潮的19世纪与20世纪之交，在一片贬低模糊、独尊精确的呐喊声中，逻辑学界开始响起另一类声音，即深入思考与重新审视模糊性和模糊事物，质疑精确化，提倡关注模糊事物，为逻辑学容忍和重新接纳模糊性进行辩护的声音。在这些人中，不乏精确化运动的干将和大师。只不过这种另类声音的音量太小，又断断续续，因而暂时被淹没在追求精确化的轰鸣巨响之中。这就使我们再一次领悟到辩证法的真理：一种历史趋势必定包含和孕育着自己的对立面，在它自身发展的同时也给相反趋势的孕育和发展创造条件，只不过早期还不能被人们自觉意识到。

根据现有文献看，第一个按照现代逻辑思想审视模糊性的学者是美国人皮尔斯。这位实用主义哲学家也是逻辑精确化的重要鼓吹者和探索者。在《新生的逻辑》（1896）一书中，他着力讨论了"推理精确性的纷争"问题，主张建立"精确逻辑和精确哲学"，相信遵循这些方法的人"将避免所有错误，一旦被怀疑，也能迅速改正"。皮尔斯认为，实现逻辑的精确化必须借助数学的演算。他甚至主张按照实用主义纲领实现思维的清晰化，声言："在我们关于某个对象的思维中要想做到清晰，只需考察一下这对象可能包含什么想得到的实际效果"[1]。然而，正是在推进逻辑精确化的过程中，皮尔斯渐渐注意到模糊性（不分明性）问题，思考清晰与不分明的关系，对"逻辑学家们太多地忽视了对不分明性的研究"提出批评，认为"逻辑世界中不应该除去不分明性，就如力学中不应该除去摩擦力"[2]。他还考察了数学中的模糊性，断定不分明性在数学思维中起重要作用。

---

[1] 郑文辉. 欧美逻辑学说史. 广州：中山大学出版社，1994：333.
[2] Bart Kosko. 模糊工程. 黄崇福，译. 西安：西安交通大学出版社，1999：5.

逻辑的精确化同逻辑真值的二值化密不可分，只有把真值的二值化贯彻到底，逻辑才能充分地精确化。逻辑学家在处理真值问题时，必定会遇到精确与模糊的矛盾。亚里士多德对此已有所认识，通过分析"明天将发生海战"这类句子的真实性，指出应当有介于真与假之间的另一真值。随着逻辑精确化运动的深入，这个矛盾也逐步凸显出来。20世纪初，美国逻辑学家麦科尔提出，可以把命题的真值设想为"必然真"、"不可能真"和"真值可变"三种。随着逻辑精确化的大功基本告成，三值逻辑系统开始获得严格定义，首先是波兰逻辑学家卢卡西维茨提出的三值逻辑系统（1920），后来又有克林三值逻辑系统（1938）和波茨瓦尔三值逻辑系统（1939），它们之间的主要差别是如何定义第三个真值。大约在同一时期，卢卡西维茨等人进一步把三值扩展为多值，提出多值逻辑系统，后来又推广到无穷值逻辑系统。这些有关逻辑真值的非二值化探索，以及为适应多值化而对逻辑联结词的拓展，给逻辑学日后重新接纳模糊性做了必要准备，今天的模糊逻辑显然吸收了他们提出的一些新思想和新方法。

英国学者罗素是现代逻辑历史上举足轻重的人物，被公认为逻辑精确化运动的集大成者。他为数学、逻辑学以及整个自然科学甚至全部人类知识的严格化、确定化和精确化所做的努力，既取得重要成果，也严重受阻。或许正因为这种阅历和修养，使他同时对模糊性获得过人的领悟，对精确化的局限性和模糊性的科学价值有真切体认。这些都集中体现于他在1923年的那次题为《含混性》的演讲中。罗素时代的人还不能区分含混性与模糊性，他的讲演虽然也涉及语言符号的含混性，但主要讲的是我们今天所指的模糊性。随着逻辑符号化的巨大成功，符号论成为西方哲学界的一种重要的学术思潮和分析工具。罗素第一个从符号逻辑的视角确认模糊性，指出："任何事物都有一定程度的不分明性，当你试图使它精确化时，你就会认识到这一点。"因此，"我们所有的认识都是模糊的"[1]。罗素依据符号论原则对模糊性的含义、特征、来源和普遍性给出札德之前最好的逻辑考察，对概念、命题、逻辑联结词、逻辑真值以及逻辑规律（排中律）的模糊性都有独到的分析，我们在后面的叙述中将从不同角度回到罗素的有关论述。

罗素提出的逻辑新思想主要有：（1）所有自然语言都是模糊的，避免了模糊性的人工语言不适合公众场合。（2）精确性是一个是否问题，模糊性是一个程度问题。（3）排中律不适用于模糊情形，为处理悖论和模糊性，我们可能不得不放弃排中律。（4）精确逻辑不适合尘世生活，只适合于想象中的天国生活。（5）罗素还批评了那种认为"模糊知识必定靠不住"的流

---

[1] 伯特兰·罗素. 论模糊性. 杨清, 吴涌涛, 译. 模糊系统与数学, 1990, 4(1).

一、模糊逻辑史话

行看法，断定模糊认识可能比精确认识更真实，为模糊性的科学价值做了有力的辩护。今天看来，罗素的论述显然过分简略，但涉及的内容广泛，观点深刻，有些问题即使今天的模糊逻辑学者也尚未认真研究到，对模糊逻辑今后的发展仍有指导作用。罗素对精确与模糊的思考贯穿了他的后半生，并从认识论和逻辑思想上为模糊逻辑的创立初步扫除了思想障碍。

逻辑学和数学的精确化不能不引起自然科学中精密科学群的关注，特别是作为领头科学的物理学。它既有力地推动物理学进一步精确化，同时也引起物理学家对模糊性的反思。一个代表人物是法国物理学家杜恒。他在1906年出版的《理论物理》一书中指出，被严格解释的数学推论对物理学家是无用的，对于严格的逻辑学家而言，物理定律既不是真的，也不是假的，而是近似真的。杜恒还认为，同一般常识的模糊陈述相比，理论物理学的陈述，正因为其比较精确，反而比较不确定。这些基于物理学事实提炼出来的逻辑思想，是对精确逻辑的挑战，经常被今天的模糊逻辑学者提到。

物理学对模糊逻辑的启迪和推动，主要来自量子论，多值逻辑的产生就与海森堡的不确定性原理（测不准原理）很有关系。不确定性原理的发现证明逻辑二值性的悖谬：即使在物理学的心脏部分，也并非每个命题都是非真即假、非假即真的。这一认识直接催生了三值逻辑的诞生。海森堡曾说过："哥本哈根诠释的语言有某种程度的模糊性，这可能是它的一个要点，而且我怀疑它能否通过避免这种模糊性而变得更清楚一些。"①

尤其应当提到的是美国量子哲学家布莱克的工作。1937年，布莱克在《科学的哲学》杂志上发表论文《模糊性——逻辑分析的一个练习》，是模糊逻辑前史中的重要事件。布莱克的主要贡献在两方面。其一，继皮尔斯特别是罗素之后，进一步对模糊性做出逻辑分析，批评逻辑学对模糊性的忽视，丰富了有关模糊性的逻辑思想。其二，第一次对模糊性做出数学分析，用一条连续曲线（即札德隶属函数概念的一种特殊情形）定义了一个模糊集合 A 及其补集非 A，在定量化、形式化描述模糊性的道路上迈出重要的一步。

还应当提到法国学者蒙日的工作。蒙日同样未能区分模糊性和含混性，但在含混性的题目下实际讨论的主要也是模糊性。蒙日的主要贡献在于对模糊性或含混性的数学描述上，他用法文创造了"模糊集合"这一术语，定义了转换模糊关系等概念，对模糊集合的运算做了有益探索。

科学理论和学说是以观念形态来表现其存在的。一种理论或学说不论多么新颖独特，都需要从以往的或同时代的理论和

---

① 戈革. 尼耳斯·玻尔——他的生平、学术和思想. 上海：上海人民出版社，1985：297.

学说中吸收观念形态的营养，包括思想、概念、术语、方法、事例，以至勇气、灵气等，一切都另起炉灶是不可能的。具备足够的前期性观念形态的准备，是一切新理论、新学说产生的必要条件。模糊逻辑也不能例外。上述学者的工作都属于模糊逻辑的前期性观念准备。

如果视野越过逻辑学的疆界，不难发现，从莱布尼茨以来，主张承认、研究和运用模糊性的声音在学术界始终未曾断绝。特别是20世纪中期以来，在数学、语言学、哲学等几乎所有知识领域，不断有谈论过度精确化之弊病的意见出现，为模糊学和模糊逻辑的诞生营造了良好的文化氛围。

但是，这些进展并未导致模糊逻辑的诞生。罗素的工作主要是关于模糊逻辑的哲学论述，没有涉及模糊性的具体刻画。多值逻辑本质上还是精确逻辑，跟模糊逻辑有质的区别。布莱克之后30年中，学术界对模糊性的探索基本处于停顿状态。从精确逻辑到模糊逻辑是逻辑学的一场革命，其最强劲的推动力不可能来自数学、物理学等精确科学的核心部分。因为精确科学领域的"精确性崇拜"根深蒂固，抛弃这种信念谈何容易。摆在科学家面前的问题，如量子力学的不确定性原理，至多促使他们走向多值逻辑，不可能把他们直接引向模糊逻辑。就是在模糊逻辑已经诞生的今天，仍然看不到它在物理学中获得重要应用的可能性。

1.5 精确性与有意义不可兼得
——不相容性原理

恩格斯说:"社会一旦有技术上的需要,这种需要更能把科学推向前进。"① 率先突破精确逻辑的局限,着手为认识和处理模糊性建立逻辑理论框架的并非逻辑学家,而是从事复杂性探索的科学技术专家,开拓复杂性科学的实际需要、提出的问题和碰到的困难直接推动了模糊逻辑的诞生。这一现象颇值得深思。

19世纪末以降,随着垄断资本主义形成,西方发达国家的工业、农业、商业、科研、军事以至文化教育事业越来越大型化、复杂化,以往基于经验进行经营管理的观念、方法和组织体制越来越不适用了。力学、物理、化学等精确科学以及相关工程技术的巨大成功,诱使人们尝试把自然科学的理论思想和工程技术引入各个部门的经营管理,用精确定量的方法进行分析、预测、规划、决策和评价,使各行各业的组织、管理、运筹、控制、指挥等作业实现科学化和技术化。这种努力从20世纪初就已开始,如泰勒研究工厂经营管理,爱尔朗研究电话拥挤现象,兰彻斯特研究作战模拟,列昂捷夫研究投入产出,等等,都取得许多成就。经过半个多世纪的努力,特别是第二次

---

① 马克思恩格斯选集:第四卷.北京:人民出版社,2012:648.

世界大战的强力推动,到1940年代,这种努力获得意想不到的巨大成功。基于这类社会实践产生了一般系统论、信息论、控制论、运筹学、博弈论等新兴学科,以及系统分析、系统综合、系统设计、系统工程、聚类分析、决策分析、投入产出分析、过程控制、信息处理等新兴工程技术。运用这些理论和技术,把许多管理控制问题定量化,用数学模型表示出来,用数学方法求解,通过对解的分析引出结论,其精确性、可靠性和有效性往往不亚于传统工程技术。类似的问题只要变量不太多,利用一般计算工具即可执行。但现实问题一般都涉及几百甚至几千个变量,海量的计算令人望而生畏,使人们长期不敢涉足这类任务。电子计算机的出现带来希望,利用它超常的高速运算能力和巨大的信息存储能力,一切这类问题都能够做精确的定量处理了。到1950年代以后,不仅这些理论和技术迅速走向成熟,而且又产生了工程控制论、现代控制理论等新学科。与此同步发展的是人工智能研究的进展,逐步启动了专家系统、知识工程、图像识别、语音识别等研究。所有这些成就,都是精确化、定量化方法的胜利,自然也使其更加身价百倍。

今天回头看去,如此辉煌的胜利都建立在一个前提下:所要处理的对象都是具有硬结构的系统。以线性规划为例,不论具体任务多么不同,实质都是在满足约束条件下,寻求目标函数的最优值。具有可以用若干含义明确的变量描述的特性,能够获取精确而完备的数据资料，描述它们的概念都可以精确定义，可以建立线性数学模型（至多是可以做线性近似化处理的非线性模型），这就叫作具有硬结构（或称结构良好）的问题。这类系统具有明显的机械性特征，人文因素可以忽略不计，精确定量化方法取得成功是理所当然的。

然而，从1950年代末期以降，当人们试图把这种理论和方法推广应用到那些比较复杂的、人文因素起重要作用的系统时，遇到了意想不到的巨大困难。因为这种系统很少有含义明确的变量，重要属性都是难以定量化的定性特性，所用概念几乎都无法精确定义，无法建立精确的数学模型（特别是线性模型），也无法获取精确而完备的数据资料。学术界通常称它们为"结构不良"的问题，前面提到的概括故事情节即一例。这种困境把科学技术界推向一个重要岔路口。主流科学家仍然坚持走精确化道路，为了建立精确数学模型，不惜引入种种严重违背现实的假设，如线性假设、完全理性假设、信息完备性假设等，由此出发创造了一些漂亮而艰深的数学理论和方法，但严重脱离实际应用背景。1960年代至1970年代，科学技术界出现越来越追求数学工具精确高深而忽视它同现实情况联系的趋势，受到广泛的批评。英国学者盖因斯戏称其为"X领域的杂志与X领域的实践无关"。钱学森常常挖苦说，这类工作拿去评教授是好的，但无助于解决实际问题。

面对这种局面，另一些富有革新精神的科学家，其中最突出的是札德，开始对主流科学界的做法产生怀疑，醒悟到问题可能出现在对精确与模糊、定量与定性、严格与不严格的传统认识有偏颇。精确不一定总是好的，模糊也不一定总是非科学的。科学的使命是对现实世界（自然界、社会或心理）的现象、事物、事件、过程做出合乎规律性的解释，提供分析对象、解决问题、预测未来的规则和方法。科学理论的第一要义是有效性，即提供关于对象有意义的描述，所谓知识的正确性、真理性，就是它能够反映对象世界的真面目，经得起实践的检验。一种理论不论它的形式多么漂亮、动听，也不论它给出的定量分析多么精确，如果不反映所要解决的实际问题，它就变得没有意义，不再能够算作科学。以往 400 年的科学技术主要处理简单系统，对于这类对象，理论描述的精确性与有意义总是一致的，越精确就越有意义、越科学。这种认识似乎被学人看作一条定律。不过，从 20 世纪中叶以来，随着科学技术处理的对象逐步转向复杂系统，这条"定律"的正确性变得越来越有问题了，系统越复杂，精确方法就越不可靠。就是说，对于足够复杂的系统，理论描述的精确性与有意义不再是一致的了，越精确可能和对象越无关，因而描述的有效性越小，模糊的描述反而可能成为有意义的亦即科学的描述。基于以上认识，札德概括出一个重要命题（一个新的科学假设），又称为不相容性

（亦称互克性）原理："这个原理之精髓可以概述为，随着系统复杂度增加，对其行为精确而有效的判断力逐渐减弱，直至阈值，使得精确与效用不可兼得。"① 简言之，对于复杂系统，描述的精确性和有意义（或适用性）几乎成为互不相容的特性。

面对越来越复杂的系统，札德意识到科学界需要来个"态度上的根本改变"，抛弃"精确性崇拜"，从过高的精确性要求上退下来，接受那些定性的、不很严格的、不够精确的方法。这首先要求逻辑学和数学有所改变，承认模糊性和不精确性的科学价值。模糊逻辑与模糊数学正是应这种时代之运而产生出来的。

1.6 札德
——模糊逻辑之父

西方人喜欢把一个学科（或理论、学说、技术、艺术流派等）的主要创立者尊称为"某某学科之父"，如称达尔文为进化论之父，齐奥尔科夫斯基为世界宇航之父，冯·诺伊曼为博弈论之父，奥本海默为美国原子弹之父，盖尔曼为夸克理论之父，等等。这同西方文化强调个人作用分不开，却不大符合强调集体精神的东方文化。但这种说法是否科学合理，须视情况而定。

---

① Lotfi A. Zadeh. 模糊集与模糊信息粒理论. 阮达，黄崇福，编译. 北京：北京师范大学出版社，2000：44.

一、模糊逻辑史话

如果某人提出一种全新的学说，并在一个不短的时期内仍处于主要创新者的位置，别的学者或者尚未弄懂而无所反应，或者基本上是在做宣传工作，或者是跟着走，那么，称他为该学说之父未尝不可。如果一个新学科有几个开拓者，彼此的贡献不相上下，没有哪一个可以统率群雄，则不宜这样做。例如，称爱因斯坦为相对论之父不会引起争议，但要称普朗克或玻尔或海森堡或别的什么人为量子力学之父则不适当，因为量子力学是一批物理学家共同创立的，谁也无法占据类似爱翁在相对论中那种地位。

在模糊逻辑的创建和发展中，有无足以领袖群伦的突出人物？能否找出有资格被尊奉为"模糊逻辑之父"的学者？我们按照西方文化传统对此问题做点考察。鉴于前述罗素对模糊性所做的哲学的和逻辑学的精辟分析，有文献把罗素尊奉为模糊逻辑之父。但这种说法显然不具说服力，未能得到呼应。罗素第一个对逻辑学排除模糊性提出系统的批评，为模糊性做了有力的辩护，但他谈论的只是关于模糊性的逻辑思想和哲学思想，并未找到刻画模糊性的逻辑途径，没有提出建立模糊逻辑的问题，更没有着手建立模糊逻辑的理论体系，没有给后人指明跟进的方向，因而未在逻辑界引起什么响应，没有导致逻辑学的任何实质性变革。

不过，把札德（L. A. Zadeh）称为模糊逻辑之父，不仅在西方文化圈内可行，即使在东方文化圈内亦可接受。欲深入了解模糊逻辑，了解一点札德其人其事是必要的。札德于1921年2月4日出生于苏俄的巴库，后举家迁往伊朗，于1942年获德黑兰大学电机工程系学士学位。他于1944年到美国，1946年获麻省理工学院电机工程博士学位，同年开始在哥伦比亚大学任教，1957年获教授职位。从1959年起，札德在加利福尼亚大学任教，1963年至1968年任加大电机学工程系主任，后来是加大伯克利分校电子工程和计算机教授。从1968年在普林斯顿高等研究院做访问学者起，札德先后在IBM研究实验室、国际SRI人工智能中心、斯坦福大学语言和信息研究中心等处做访问学者，丰富多样的访问研究经历是札德作为科学家的显著特点之一。由于对创立和发展模糊学做出重大贡献，札德成为多种奖项和荣誉的获得者，在世界科学界享有盛誉。

札德科学生涯早期主要从事系统理论（特别是控制理论）和决策分析的研究，属于精确科学前沿的重要领域。他在这方面曾取得出色成绩，例如，他给适应性概念下的定义至今仍被学术界沿用。而这个领域正是当时复杂性探索的主战场之一，交织着种种尖锐而又迫切需要解决的矛盾：系统理论和系统方法已有的辉煌给世人带来期望，而面对新的巨大难题又欠缺办法，二者之间形成明显的反差，越来越精确的描述方法显得越来越脱离实际，被视为没有科学性的模糊方法却能够简捷而有

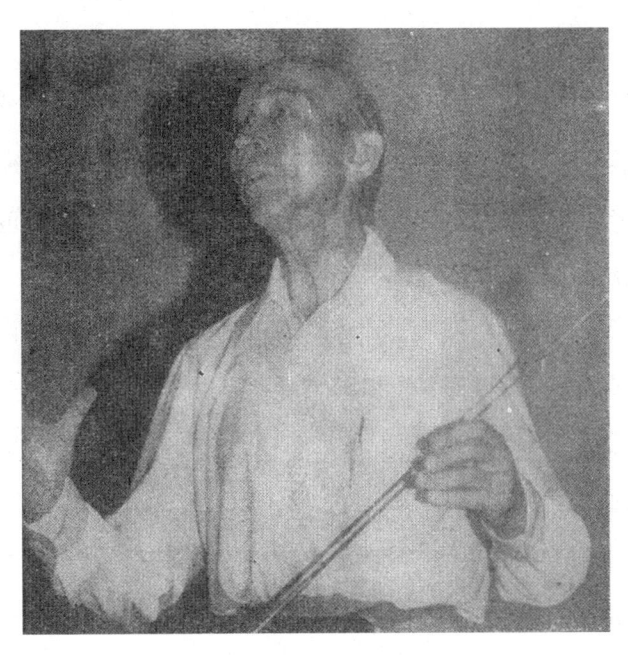

图 1.1 "模糊逻辑之父"札德

效地解决许多复杂的实际问题,等等。身处矛盾漩涡中的札德最初也试图通过发明更精确的方法以走出困境,但他很快就抓住问题的要害,省悟到"精确性崇拜"的谬误,认识到面对复杂的特别是人文因素起重要作用的系统,必须放弃一味追求严格、精确和定量描述的传统路线,转而承认不那么严格、精确和定性的描述方法的科学价值。用他自己的话说,必须转变科学态度,抛弃"精确性崇拜"。

札德学术思想的转变开始于 1960 年代初,那时的线性控制理论正在走向成熟,进入系统总结、建立理论体系的时期。按照札德的说法，1963年，在同查尔斯·笛索尔教授合写一本关于线性系统理论专著的过程中，他终于发现，系统科学不仅有大量类似线性系统、稳定系统、时不变系统等精确概念，还有大量类似集中参数系统、可靠性系统、慢变系统等无法精确定义的概念。在试图给这些概念以精确描述的尝试碰壁后，札德认识到，刻画后一类概念，建立描述这类系统的科学理论，必须从对精确性的过高要求上退下来，另辟蹊径，建立一种能够描述模糊性的科学理论。经过近两年的奋斗，他于1965年发表了两篇极具开创性的论文，即《模糊集合》和《模糊集合与系统》，前者为建立模糊学和模糊逻辑奠定了数学基础，后者为模糊学和模糊逻辑的实际应用指明主要方向。这两篇文章对模糊学半个多世纪的发展产生了深远影响。

札德的这两篇论文没有直接讨论逻辑问题。最先提出模糊逻辑这一概念的是马利诺，他在1966年提出一个关于模糊逻辑的内部报告。由于思想十分新颖独特，与逻辑界的主流看法相去甚远，人们需要一定时间来消化，故札德和马利诺的工作未能立即引起反响。1969年，哥根发表文章《不精确概念的逻辑》，开始打破沉闷的局面。进入20世纪70年代，模糊逻辑迅速成为一个热门的研究领域。其中，引领方向的主要是札德本人。从1972年至1974年，札德先后提出了模糊限制词、语言变量、语言真值、近似推理等关键性概念，制定了模糊推理的合成规则，初步奠定了模糊逻辑的基础。札德的这些工作引起许多学人的跟进，在东方特别是日本和中国尤其走红。1984年，在《如何处理现实世界中的不精确性——L. A. Zadeh 教授访问记》一文中，札德对模糊逻辑的形成、特点、意义、现状、困难和未来发展做了深入的分析，提出一系列重要观点，成为这一领域的又一篇纲领性文献。近几十年来，札德一直是模糊逻辑以至整个模糊学的主要推动者，新思想、新概念、新方法的主要提出者。

二、模糊性——逻辑学面临的挑战

模糊学是研究模糊性的科学,模糊逻辑是它的一个重要分支,任务是为描述模糊性提供逻辑工具。科学界、学术界、逻辑学界之所以长期拒斥模糊性,一个重要认识根源在于,人们对模糊性存在严重的误解,又长期得不到清算。有鉴于此,我们首先要对模糊性做一番系统而深入的考察。

2.1 你是高个子吗
——模糊性指事物类属的不分明性

新生班的第一堂体育课开始,宁远老师宣布:"高个子男生站出来!"杜宇环是1米74,班上比他高的男生有八九个,比他矮的有十几个。自己该不该站出来?杜宇环感到为难。他问道:

二、模糊性——逻辑学面临的挑战

"老师，身高多少才是高个子？"宁老师意识到自己发出的指令太含糊，因为他本人也没有明确的判断标准，便顺口答道："1米75。"判断的标准算是明确了，杜宇环明白自己不必站出去。但此一标准是否合理？是否科学？有心人必定会提出质疑。如果班上只有一个男生比杜宇环高，老师还能把高个子的标准定为1米75吗？似乎不能。相反，如果班里的男生有一半在1米80以上，杜宇环一般不会向老师提那个问题，老师也不会宣布以1米75为标准。那么，高个子有没有确定的标准呢？你一定会回答说："高、矮是比较而言的，没有明确的划分标准。"

杜宇环算不算高个子，大可不必计较。但大量别的现实问题却不能不计较；否则，就连日常生活的琐事都无法处理。比如，西瓜大小本无明确的分界，如果不分大小一个价，买卖双方都不乐意。小贩硬性规定：8斤以上的为大瓜，每斤6角；不足8斤的为小瓜，每斤5角，交易便有了明确的依据。但如此规定合理吗？若我买的瓜7斤9两，你买的瓜恰巧8斤，一两之差你就得多掏8角5分，如此不合理，估计你是不会干的。请想一想，你在生活和工作中会碰到多少这类需要精确计较而又难以精确计较的事情。

这样划分类别还常常因为场合不同而带来新的困难。仍讨论个子高矮问题。通常，你若给小伙子张扬介绍对象，定会把"1米80的大个子"作为他的一大优点加以强调，因为高个子更具阳刚之气，能够对女孩子增添一份吸引力。但是，如果挑选国家男篮队员，这小伙子就只能算小个子，被选中的机会很小；即使被选中，他很可能只是个经常坐冷板凳的替补后卫。事实上，世界篮坛有不少著名后卫个头在1米80左右。类似地，28岁在共青团里属于超龄老团员，在博士生圈子里大体算正当年（也算不上很年轻），在科学家队伍中则属于典型的青年科学家（在中国40岁还算青年科学家）。诸如此类因情况不同而改变分类标准的做法，就那么科学吗？

同样是在杜宇环的班级，如果宁老师说"男生站左边，女生站右边"，或者说"山东省的同学请举手"，或者说"年满18岁的同学可以看今晚的电影"，每个同学就都知道自己该如何归类，因为男生、女生、山东籍、年满18岁等的类别归属是分明的，每个对象或者属于某类，或者不属于该类，明确肯定，没有疑问。

那么，问题出在哪里？问题就在于如何给事物分类。俗话说，物以类聚，人以群分。划分事物的类别，给每个对象以科学的分类，做到物归其类、人属其群，是人类认识世界的基本方式之一。通过分类，判明哪些事物为同类，哪些为异类，把握它们各自的特殊性质，做到区别对待。无论生活或工作，把同类当成异类，或把异类当成同类，都会闹笑话、犯错误。科学研究尤其如此，无论提出新概念，或接受已有概念，或用概

二、模糊性——逻辑学面临的挑战

念形成判断，或对别人的判断做出评价，或提出新想法，等等，都离不开对事物进行分类。但现实世界存在两种性质不同的事物类别。男生、女生、中国人、法国人、18岁以上的人，都是类属明确的事物，待考察的具体事物要么属于某类，要么不属于该类，明确肯定，没有疑义。迄今为止的科学技术研究和处理的大量对象都属于这类事物。特别地，数学、精密自然科学研究的基本都是这种对象类，如整数、正方形、匀速运动、周期运动、一级相变、二级相变、碳水化合物等。精确逻辑考察的正是关于这类事物的逻辑特性和逻辑关系。

然而，高个和矮个、大瓜和小瓜、青年和中年、丰收和歉收、强国和弱国、民主和专制、很大的数和较小的数、集中参数系统和分布参数系统、近平衡态和远平衡态、近不可积系统和远不可积系统，等等，都是无法明确确定类属的事物。或者说，要考察的事物在一定程度上属于某类，又不完全属于该类。中国和俄罗斯是强国，还是弱国？王熙凤和贾瑞是好人，还是坏人？离平衡态的"距离"多大时才算近平衡态或远平衡态？1必定是很小的数，10 000必定是很大的数，对吗？这些问题都不能做完全肯定或完全否定的回答。传统逻辑拒绝考察有关这种类属不分明事物的逻辑特性和逻辑关系，甚至否定研究这类问题的逻辑学价值。但实际工作和生活以至科学技术活动中却大量碰到此种事物，而且跟那些类属分明的事物相比，它们的存在要广泛、普遍得多，逻辑学不能永远置之不理。

我们把那些类属明确肯定的对象或现象称为清晰事物或清晰现象，把那些没有明确类属的事物或现象称为模糊事物或模糊现象。所谓清晰性，指的是事物类属的分明性、确定性；所谓模糊性，指的是事物类属的不分明性、不确定性。

对事物进行分类，就是给各个事物类别划分出界限。清晰事物指那些类属界限明确的对象，模糊事物指那些类属界限不明确的对象。人的性别需要明确划分，否则社会将无法管理。国与国的分界线必须明确划分，否则外交纠纷将不断发生。这类事物通常也都存在明确的界限（边界）。清晰性就是事物界限（边界）的分明性、确定性。模糊事物也存在界限（边界），但又不够明确肯定，具体界限（边界）的划分都包含人为硬性规定的成分，不同人、不同需要常有不同的划分，不存在天然合理的分界线。在地球的地理空间中，人们把不同部分划分为山区和平原两大类。山地与平原是显著不同的，左权县在太行山上，邢台市在华北平原，地理特征的差异十分明确。李白有诗曰："山随平野尽"（《渡荆门送别》）。但山之尽处，平野之始处，很难明确肯定。太行山与华北平原的分界线就不分明，你从最高处阳曲山一直往东走，在何处算走出太行山，谁也说不清楚，不同人给出的分界线差个十里八里不算回事。皮尔斯在

二、模糊性——逻辑学面临的挑战

一百年前已经懂得这一点,他指出"山"这个概念具有不分明性,因为我们不知道哪里是山的开始处,哪里是它的终结点。一切模糊事物都如此,我们不知道它从哪里开始,到哪里结束。事物界限(边界)既客观存在,又不分明、不确定,这种特性就是人们所说的模糊性。

那么,人们是如何划分事物类别的呢?是否由于他们对事物分类不当才造成对象类属的不分明?我们来做点分析。任何分类都是按照一定标准进行的,符合标准的事物为同类,不符合标准的事物为异类。所谓标准,就是对象是否具有某种性质、状态或特征,简称为性态;具有被选作分类标准的那种性态的对象归为一类,不具有那种性态的对象则排除在该类之外。传统逻辑的分类方法中隐含这样一个假设:取定某种性态作为分类标准后,所有待分类的事物要么具有这种性态,要么不具有这种性态,明确肯定,毫不含糊。我们称其为事物的清晰性态,大量存在于现实世界中。就日常生活而言,性别、籍贯、姓氏、国籍等作为人的特性,就是清晰性态,据之可以把人群划分为清晰的类别。在数学中,"能够被2整除"是一类整数具备的属性,具有此一性质(偶性)的整数是偶数,不具有此一性质(奇性)的整数是奇数;"能够表示为循环小数"是一部分实数可能具有的属性,具有此种性质(有理性)的实数为有理数,不具有这种性质(无理性)的实数为无理数;等等。这些都是清晰事物类。在系统科学中，单输入系统与多输入系统，线性特性与非线性特性，静态特性与动态特性，连续特性与离散特性，等等，也是这样的性态，依据它们可以给对象系统做出明确肯定的分类。对于分析这类事物的逻辑特性，精确逻辑是非常成功的。

不过，在现实世界中，上述假设并不普遍成立。在所考察的对象范围内，选定某种性态作为分类标准后，你往往会发现，某些对象肯定具有该性态，某些对象肯定不具有该性态，而另外一些对象只在一定程度上具有该性态，又不完全具有该性态。我们称其为事物的模糊性态，它们更广泛地存在于现实世界和人的思想认识中。个子高或个子矮，年轻或年老，身体健康或不健康，头脑聪明或笨拙，性格温和或暴躁，都是人的模糊性态，许多人只是一定程度上具有，又不完全具有。以地球与太阳的相对位置为标准，把一天划分为白昼与夜晚两个时段，但两段之间没有明确的界限。按照朋友关系的内涵，可区分为真朋友、假朋友（包括酒肉朋友），或一般朋友、好朋友、生死朋友等。按照亲戚关系的远近，有近亲和远亲之别。如此这般，都是按照模糊性态得到的模糊分类。在系统科学中，规模大小是系统的一个模糊属性，以它为标准，有小系统、大系统、巨系统等分类，其间不存在明确的界限。简单系统与复杂系统的界限也是模糊的。钱学森的开放复杂巨系统理论，按规模把系统分为简单系统、大系统和巨系统，又把巨系统分为简单巨系统和复杂巨系统，都是模糊分类，因为作为分类标准的系统性态都是模糊的。

概括地说，所谓清晰性，指的是事物是否具有某种特征或状态的确定性、完全性；所谓模糊性，指的是事物是否具有某种特征或状态的不确定性、不完全性。

2.2 士别三日，当刮目相看
——模糊性是个程度问题

要认识事物，就要对事物有所断定。分类就是对事物的类属有所断定，断定哪些事物属于同类，哪些事物属于异类。从逻辑上看，任何断定都可以归结为关于事物类属的断定，逻辑学只需研究对一般类属关系的断定，其他各种具体的断定归各门具体科学来研究。分类问题的逻辑意义就在这里。

上节的论证表明，关于事物类属的断定有两种基本形态：精确逻辑只研究是否型类属问题，即能够对事物类属做出或是或否断定的问题；模糊逻辑研究的是程度型类属问题，凡是不能简单地判定是或不是，只能回答在多大程度上是或不是的问题，都涉及模糊性。罗素已认识到这一点，在给模糊性下定义时，他考察了语言、符号与被表达对象之间的关系，指出："模糊性是一个程度问题，它取决于由同一表现手段所表现的不同系统之间可能存在的差别的程度。准确性则相反，它是一种理想的极限。"① 前面提到的秃与非秃、高与矮等都是程度问题，掉没掉几根头发改变的只是秃或非秃的程度，身高多1厘米或少1厘米改变的只是属于高个或矮个的程度，如此而已。为进一步说明这一点，再举一些例子。

《红楼梦》第五回中给太虚幻境编了一副有名的对联——"假作真时真亦假，无为有处有还无"，包含深刻的哲理，也是模糊学的重要原理。真与假是不是程度问题，留在后面谈。这里要说的是，有与无的区别常常是个程度问题，不能做要么有、要么无的简单断定。身体有无毛病，事情办得有无不妥，姑娘对小伙子有无感情，读小说对数学博士有无用处，人民币升值对中国经济发展有无必要，如此这般的事情，都是个程度型问题，而非要么有、要么无的是否型问题。以下雨为例，有雨还是无雨似乎明确肯定，实际也是个程度问题。历代诗人十分懂得这个道理，做出细微的区分，并以形象化的语言描述出来。"赤日炎炎似火烧，野田禾稻半枯焦"（《水浒传》），属于百分之百无雨。"七八个星天外，两三点雨山前"（辛弃疾：《西江月·夜行黄沙道中》），已有些差别，不能说滴雨未下，但无论对于地里的庄稼，还是路上的行人，同无雨没有明显差别，但这种

---

① 伯特兰·罗素. 论模糊性. 杨清，吴涌涛，译. 模糊系统与数学，1990, 4(1).

二、模糊性——逻辑学面临的挑战

有近于无的雨能给诗人带来独特的美感。"雨映寒空半有无,重楼闲上倚城隅"(刘敞:《微雨登城》),这就不同了,因下雨而使人感到寒意,足见和无雨或两三点雨相比已有质的差别,但毕竟雨量微小,不影响登城观景,对于日子过得悠闲恬淡的作者来说,直感到那雨似有若无,半有半无,是典型的模糊美,颇富诗情画意。"天街小雨润如酥,草色遥看近却无"(韩愈:《早春呈水部张十八员外》),则又是另外一种情形,雨不再是半有半无的模糊状态,但又不大,润物细无声,催生出片片茸茸草芽,把天街装扮得"绝胜烟柳满皇都"(韩愈:《早春呈水部张十八员外》),可谓美不胜收。这里蕴涵着另一种模糊美:当你由远及近逐步接近它时,那可见的草色也在不知不觉中变淡了,消失了,但在有与无之间找不到明确的界限。到"雨过横塘水满堤,乱山高下路东西"(曾巩:《城南》)的情景,则是百分之百地有雨,而且是大到暴雨,弄得遍地泥泞,一派狼藉,足以激起诗人的别样豪情,生出无序、杂乱而又壮阔的另类美。这类诗句既生动形象地写出雨的各种不同性态,区分了干旱、无雨、滴雨、微雨、小雨、大雨、暴雨,又准确地表达出诗人们特有的心态和气质,流露出各自别有一番滋味在心头的主观体验。

如果从演化论或发生学角度看,每个具体事物 A 都是从无到有产生出来的,从百分之百的无 A 到百分之百的有 A 需要一个过程，其间的每一时刻 A 都是在一定程度上有，又在一定程度上无。一个人在其母亲未受孕时为百分之百的无，在母亲受孕的那一时刻已不再是百分之百的无，跟无有了质的差异，却也远非有的状态；随着孕期的延伸属于"有"的程度也在增大，几个月后形成雏形；但只有当婴儿呱呱坠地时，才算百分之百地有了他或她。一个数学定理的产生也一样，从有关猜想闪现的时刻起，它就以非零而近于零的程度存在了；经过数学家的逻辑加工，形成表述严格的科学猜想，算作一个可能的数学定理的雏形；只有到有人给出正确的证明（有时可能需要数百年或上千年）后，才算百分之百地"有了它"（被数学界接受）。模糊逻辑的创立，分形几何的问世，信息文明的出现，等等，一切新事物都要经历一个从无到有逐步产生出来的模糊过程。老子的辩证命题"有生于无"，常给人以神秘感，模糊学为它提供了科学的论证。

在一般情况下，是非问题也是程度问题。曹雪芹笔下的王熙凤既是好人，又不是好人。她机谋善断，敢作敢为，对确保贾府这个复杂系统的正常运营做出了重要贡献，爱护宝玉、贾环及众姐妹，等等，是个好人，在贾母眼里更是大好人。但她贪财害命，心狠手辣，那个坏劲儿在贾府中少有出其右者。红学界流行"是是非非王熙凤"的说法，就是对这种模糊性的认可。从道德观来看，好人和坏人都是程度问题，好的没有些许

二、模糊性——逻辑学面临的挑战

道德瑕疵，坏的没有一点人性，这样的人几乎不存在。大国与小国也是程度问题。日本是大国，还是小国？经济上是世界第三大国，但政治上不分是非跟着美国跑，主流政治家否定侵略战争的历史，是个十足的道德小国。现在的美国似乎在各方面都是大国，但对内借反恐之名监视民众，限制自由，劫贫济富，不断扩大贫富差距，对外穷兵黩武，欺小凌弱，为谋取一国私利不择手段，在国家关系中一切按照"美国优先"来定夺，道德优势日趋衰竭，日益成为货真价实的"无赖国家"，表明它正在滑向道德小国。

实际上，对与错，黑与白，美与丑，善与恶，功与过，成与败，爱与恨，久与暂，长与短，快与慢，深与浅，等等，现实世界的这些两极对立，一般情况下都是程度问题。精确逻辑讲黑白分明，反对混淆黑白，更不允许颠倒黑白，仅仅是一种理论假设。生活中讲的黑或白都存在种种差别，从墨黑、深黑到蓝黑、浅黑，从浅灰到深灰，从灰白、花白、浅白、鱼肚白到纯白、乳白、雪白，只能做程度上的区分。读者可以试着找一找，实际生活中有几样差异或对立绝对不是程度型问题？我断定您很难找出来。

现实世界的事物都有质的特性和量的特性两个方面，二者既有区别，又有联系，认识事物需要把握这两种特性，以及它们的区别和联系。所谓清晰事物，都具有若干可以精确度量的数量特性，如长度、高度、速度、重量、频率、振幅、电压、磁场强度等。科学上视它们为对象系统的特征量，包括系统的状态量、输入量、输出量等，事物的质的特性（科学上称为定性特性，如平衡态，或周期态，或混沌态等）都可以用这些数量特性表示出来。用数学公式或方程把这些量的相互依存、制约关系和变化趋势表示出来，叫作建立数学模型。通过研究模型，考察这些数量特性，即可了解系统的那些质的特性。迄今为止的科学技术工作，特别是精确科学技术，如研究地球绕太阳运动、发射人造飞船、建立和管理核电站、制造计算机等，都是这样进行的。

所谓模糊事物则不同，它们一般缺乏这种可以精确测量的特性。反映认知系统特性的理解力和联想力，战争双方的士气和战斗力，学生的接受能力和解题的灵活性，政治家处理突发事件的能力，作家的形象思维能力，等等，是这些系统的重要定量特性，又都无法精确测量，不同变量之间的关系无法用明确的数学形式表示出来，因而无法建立精确数学模型，无法通过定量特性之间的关系来把握系统的质的特性。

清晰事物的另一基本特点是，特征量的变化常常存在若干临界点，哲学上称为关节点。当特征量在两个相邻的临界点之间变化时，事物的定性特性不会改变，一旦跨越某个临界点，定量特性的改变必定引起定性特性的迅速而剧烈的改变。人们

二、模糊性——逻辑学面临的挑战

最熟悉的例子就是水,在标准大气压下,在摄氏 0 度到 100 度之间是液态,小于 0 度为固态,大于 100 度为气态,0 度和 100 度就是两个临界点(冰点和沸点)。质的变化只发生在临界点附近,在非临界点处可以不考虑质的规定性,只考察量的特性,量的改变不会引起质的改变。所以,对水的三态这种定性特性的认识,可以通过测量温度这种定量特性来把握。模糊事物不是这样的,要么不存在可以精确测量的特性,要么变化不存在临界点,要么二者兼而有之。即使具有如身高、头发根数等可以精确测量的特性这类简单模糊事物,由于不存在临界点,量的任何改变都或多或少会引起质的改变,又不会突然引起显著改变,而是点点滴滴地改变着事物具有某种性质的程度。这种程度变化经过点点滴滴的积累,将导致定性特性的显著改变,却始终没有明确的分界线。从矮个到高个,从青年到中年,从秃到非秃,从美到不美,从不发达到发达,从弱国到强国,大量模糊事物都是这样改变的。

用哲学语言讲,清晰事物的量变与质变有明确的界限,属于是否型问题。模糊事物无法区分这两种变化,量的每一变化都改变着质,又不会使质骤然发生根本变化,而是把质的变化融化于量的改变中,属于程度型问题。循序追踪量变的每一时刻去观察模糊事物,或者置身于该事物的演变过程中,很难觉察它的质在变化;越过一定时段再观察该事物,程度型变化经过必要的积累，量变带来的质变就明显可见了。所谓"士别三日，当刮目相看"，说的就是这个道理。同理，厮守在父母身边的儿女即使年过四十，在老人眼里也"还是一个孩子"，永远长不大；而见到出国数年后归来的子女，父母常常有判若两人之感。

2.3 对模糊性的种种误解

既然模糊性的存在如此普遍，为什么长期没有引起科学界的重视？建立模糊逻辑，发展关于模糊性的一般理论——模糊学，必须回答这个问题。

科学是从研究确定性起步的，基本信念之一为承认现实世界本质上是确定的，一切事物都按照确定的规律存在着、运行着，科学就是关于客观规律的知识体系。模糊性是一种不确定性，在科学界拒绝考虑不确定性的漫长时期中，模糊性未进入科学研究的视野是必然的。另外，现实世界的不确定性有各种表现形式，除了模糊性，还有灰色性、含混性、偶然性、随机性、近似性等，彼此常常容易混淆。当科学进步到开始承认和研究不确定性之后，科学家仍然长期忽视研究模糊性，追究其认识根源，就在于把模糊性误认为别的不确定性。罗素和布莱克之所以会在论"含混性"的主题下论述模糊性，就是由于当时的逻辑学界以至整个学术界未能区分模糊性与含混性。正是

二、模糊性——逻辑学面临的挑战

因这种情形，札德关于模糊学的奠基工作中相当大的一部分致力于区别模糊性与其他不确定性。

其一，混淆了近似性与模糊性。自然科学家和工程技术人员最常遇到的不确定性，是近似性或不精确性。任何定量分析和数值计算都存在误差，不可能绝对精确，只要最后结果落在允许的误差范围内，就算达到精确化的目的。假定导弹试验的预定弹着点为东经150度、北纬30度处，以此处为圆心、半径5公里的海域为误差范围。达到这一要求的试验是精确的、成功的，超出误差范围的试验是不精确、不成功的，有时可能由此引起重大国际纠纷，因而是不允许的。一种定量描述能够把误差限制在允许范围内，就是科学家倡导的精确描述。辩证法认为，任何事物都要靠它的对立面来限定或规定。精确的对立面是存在误差，但任何精确描述总有某些误差，有误差的结果就是近似的结果，即不精确的结果，表明精确性总是伴随着不精确性。或者说，精确程度（精度）正是用其对立面误差来规定和表征的，所谓允许的误差必定是程度型问题，有大小之分。出不了预定范围反映结果的确定性，在误差范围内什么地方都可能，反映结果的不确定性是精确描述方法固有的内在矛盾。在实数域中，从近似于5到不近似于5是逐步变化而非突然改变的，不存在天然的界限。禁止通行的海域半径并非必须是5公里，3公里或8公里也算近似。所以，"近似"是一种程度问题，即模糊性问题，存在不同程度的近似。但模糊不等于近似，近似性是一种特殊的模糊性，模糊性包含近似性而远不限于近似性。近似性是精确系统才有的不确定性，近似的程度可以用精度来刻画。而一般的模糊性本质上不能用精确方法描述，精度概念对它没有意义。高个子与矮个子，青年与中年，灵活与死板，美与丑，无法用精度的不同来区分。

描述的不确定、不精确有不同的产生根源和表现形式。有一类问题本身存在精确解，描述的不精确性来自认识条件的不足和认识过程发展的不充分。中唐诗人贾岛有诗《寻隐者不遇》云：

松下问童子，言师采药去。
只在此山中，云深不知处。

隐者此刻所在位置是确定的，问题存在精确解，童子回答"只在此山中"是确定的，但具体在何处，童子不能确定。不过，他的回答误差范围太大，满足不了贾岛寻访隐者的目的，尚需进一步探寻方能缩小误差。

另一种不精确性来自对象本身固有的不确定性，问题本身原则上不存在精确解。天气的阴晴是模糊的气候现象，有雨和无雨，微雨和小雨，小雨和大雨，其间不存在明确的划分界限，不论采取何种观测手段，也不论认识过程如何深入，都不能消除这种模糊不确定性。

二、模糊性——逻辑学面临的挑战

其二，混淆了模糊性与含混性。语言学家、逻辑学家和哲学家最注重研究此类不确定性，但他们也最容易混淆这两种不确定性，罗素和布莱克就是例子。由札德开始，主要是经过语言学家的工作，我们现在对二者的区别有了比较准确的理解。在语言学中，"含混"指那些有多种语义解释的语词和句子。一种是多义性，如生活、生气、生人、生饭、生动中的"生"字有不同的含义，在语境不完全确定时，这些词的意义显得含混。另一种是由句子的结构造成的意义含混，如说"我或走或留"，究竟是留还是走，不确定，因而显得含混。词汇的概括性也可能带来含混性，如"这是我的书"，可以指"我买的书"，或"我借的书"，或"我写的书"，离开特定的语境就有不确定性。语言的含混性一般可以从语境上加以消除，而模糊性不可能通过语境来消除，这是二者的区别。

混淆模糊性与含混性的事在现实生活中时有发生。《光明日报》1997年7月17日发表的一篇题为《警惕"模糊语言"宰客》的文章，其中一个例子说的是某旅游景点抬轿送游客上山的事：抬轿人说抬上山每人30元，上山后却要收60元，原来游客把"每人"理解为每个游客，但上山后轿夫把"每人"解释为每个抬轿人，由于一台轿有两个轿夫，所以要收两份。这是轿夫利用模棱两可的含混语言宰客，不应加罪于模糊语言。

不可把含混性完全局限于语言现象。协同学创立者哈肯从思维角度考察一些两可图,就有非语言的含混性。例如图2.1,从一个角度看是少女,从另一个角度看是老妪,就是一种含混性。

图2.1 少女,还是老妪?

中国诗论把诗词划分为豪放派和婉约派两种,也有含混性。同一诗人,比如李清照,主要属婉约派,但也有豪放式作品。甚至同一首诗也可能同时包含两种成分。不过,婉约和豪放两种成分是多是少,一般可以评定和区分,因而也算一类模糊性。不同的是,人对两可图的识别总要在两种可能之间来回转变,反映图像本身的不确定性,识别典型的模糊事物一般不会出现

二、模糊性——逻辑学面临的挑战

这种现象。

其三，混淆了模糊性与灰色性，即信息不充分性。系统科学家最容易把模糊性误认为灰色性，用对付灰色系统的办法去对付模糊系统。科学家认识到，按照人们掌握信息的丰富程度，可以把系统分为三类：内部信息完全了解的是白箱，即具有白色性的系统；内部信息完全不了解的是黑箱，即具有黑色性的系统；内部信息只有部分了解的是灰箱，即具有灰色性的系统。理论上讲的白色性与黑色性都是确定性，灰色性则是一种不确定性。但灰色性是信息的不完备性，通过补充信息可以消除它，因而属于系统外在的不确定性；模糊性则是系统自身特性的不确定性，不可能通过补充信息而加以消除。

灰色性是精确系统具有的不确定性。1965年以前，系统科学家心目中的对象都是精确系统，那些由于技术手段不足以获取全部信息的对象，才被当成灰色系统。贾岛访隐者不遇的遗憾，是由于信息技术低下所致，山高云深，无法确定隐者的具体位置。如果设想他们三人都有手机，或者贾翁可乘直升机侦察，这里的灰色性就可能消除。所以，灰色性是随着信息技术提高而可以减弱甚至消除的不确定性，模糊性则是与信息技术水平无关的不确定性，信息技术再高也不能把模糊性消除掉。当然，灰色也有深浅之别，对象是否属灰色系统是个程度问题，因而可以视灰色性为一种特殊的模糊性，但模糊性不能一般地归结为灰色性。哲学地说，模糊性属于本体论概念，灰色性属于认识论概念。

甚至模糊逻辑之父本人也对灰色性有所误解。札德曾认为，一个命题之所以模糊，是由于它所涉及的种类有模糊性；而一个含混的命题既是模糊的，又是二义的，即对于一个特定目的只提供了不充分的信息，不足以做出有把握的决策。他举例说，鉴于"十分高"为一模糊类，命题"约翰十分高"对于买领带提供了充分的信息，没有含混性；对于买衣服则信息不够，因为人的胖瘦差别很大，不了解约翰的胖瘦，无法确定该买怎样的衣服，故为含混命题。但约翰的胖瘦是可以精确测定的，只是未获得有关信息，属于灰色性；含混性可以通过明确语境来消除，灰箱的不确定性却不能借语境来消除。看来，札德误将灰色性当成含混性了。

其四，影响最严重的是科学界和工程技术界长期混淆模糊性与随机性。早在18世纪，数学家已着手考察随机现象，积累了不少概率论知识。但在很长时期内，人们都误把模糊性当作一种特殊的随机性，或"伪装了的随机性"，试图用概率统计方法处理模糊性。统计力学、量子力学和概率论在20世纪的建立，更强化了这种误解，以至在札德提出模糊集合概念后，许多学者仍然不承认模糊性，误认为那是随机性。实际上，这是两种性质不同的不确定性。随机性是指事件是否发生的不确定

二、模糊性——逻辑学面临的挑战

性,事件本身的类属是明确肯定的。投掷硬币,结果是麦穗要么朝上要么朝下,事件本身是确定的,但麦穗究竟是朝上还是朝下,每一次都是不确定的,即随机的。明天股市要反弹,十天内北京无雨,兔子将碰死在这棵树下(守株待兔),拍马屁拍到马腿上,"择膏粱,谁承望流落在烟花巷"(曹雪芹:《好了歌注》),这类预测所涉及的都是随机事件,可能发生也可能不发生。模糊性与此不同。东方朔很丑,土行孙很矮,武松为人仗义,普京人气颇旺,特朗普好斗,涉及的都是事物自身性质的不分明性,即在一定程度具有又不完全具有某种属性,不涉及事件发生与否的问题。随机性是外部环境的不确定性,事件发生条件的不确定性,即外在的不确定性,不是事件自身是否具有某种性态的不确定性,因而是一种单纯的量的规定性。模糊性却是事物内在的不确定性,它融合了事物量的规定性与质的规定性。

当然,模糊性与随机性也可能同时出现。后天下暴雨的可能性有多大?这里谈论的既是模糊事物,又是随机事件:算不算暴雨(多大的雨能算暴雨)是模糊的,下没下暴雨是随机的。这种模糊随机事件在现实世界中也是常见的。

对不精确性、含混性、灰色性、随机性与模糊性的比较即可发现,模糊性是一种更普遍、更根本的不确定性,其他的不确定性都可以看成某种特殊的模糊性(特殊的程度型问题),模糊性却不能归结为其他任何一类不确定性。例如，随机性也是程度型问题，即关于事件发生与否的可能性程度，可以看成一种特殊的模糊性；而必然性是关于事件发生的是否型问题，即关于事件发生与否的清晰性。模糊性是对象系统内在固有的属性，含混性、灰色性、随机性的出现主要是外部环境造成的，故模糊性要比后三者更为基本。札德由此而得出结论说："比起随机性，模糊性在人类认识过程的机制里，有着重要得多的作用。"① 这一论断对逻辑学和思维科学具有重要意义。

2.4 模糊性最容易出现在哪里

现在从哲学的角度对此问题做点分析。同一和差异是一对哲学范畴，同类事物具有同一性，异类事物具有差异性。同一性发展到极致是自身同一，差异性发展到极致是两极对立。"是就是，不是就不是，除此之外的一切都是鬼话。"这是精确逻辑、精确数学乃至全部精确科学的根本哲学信条。清晰性，特别是精确性，在哲学上意味着两极对立的完全性和绝对性；模糊性则是两极对立的不充分性和不完全性，或者说自身同一的相对性和不完全性。差异甚至对立之间相互包含和渗透，你中有我，我中有你，造成差异甚至对立之间界限的不分明性。所谓"夏至一阴生""冬至一阳生"，说的就是冬与夏、阴与阳之

---

① L. A. 札德. 模糊集. 任平, 译. 自然科学哲学问题丛刊, 1981 (5).

二、模糊性——逻辑学面临的挑战

间对立的不充分性,相互渗透性。所以说,模糊性是客观世界辩证性的呈现。

任一事物类都有其特殊的质的规定性,靠着这种质的规定性把它同其他事物类区分开来,凡属于该类的事物都具有这种质的规定性,凡具有这种质的规定性的事物都属于该类。这叫作事物的自身同一性。机械论哲学把事物的自身同一性绝对化,不承认、不允许同一中包含差异。当对象是简单事物时,这样理解近似成立;当对象是复杂事物时,这样理解将导致失误。姚明和巴特尔绝对是高个子,谁也不会对此存有异议。但这两个巨人的身高相差16公分,并非一个可以忽略不计的数值。可见,"高个子"类别中包含着不容忽视的差异,它的自身同一是相对的,精明的NBA选秀者绝不会忽视这种相对性。

辩证哲学认为,从空间(物理空间、性态空间或几何空间等)维来看,世界万物都是相互联系的,每个事物都是普遍联系之网上的网结;从时间维来看,世界万物都处在发展变化之中,都是作为过程而展开的。不论时间或空间,差异甚至对立的事物都是通过种种亦此亦彼的中介事物而相互联系和相互过渡的。山区和平原是通过丘陵而相互联系和过渡的,在过渡地段有大大小小的山包和平地;丘陵者,亦山亦原之谓也。青年与老年是通过中年而相互联系和过渡的,中年者,亦年轻亦年老之谓也。战争与和平是通过亦战亦和的中介状态而相互联系和过渡的,美英正式发动侵伊战争前对伊拉克的政治制裁、经济封锁、舆论妖魔化,小布什宣布战争结束后的袭击与反袭击,都是亦和亦战的中介状态。差异或对立之间这种中介过渡的亦此亦彼性,就是模糊性。今天美国发动贸易战具有向世界热战过渡的可能性,世界人民必须警惕。

现实世界的中介过渡性千差万别,大体分为两大类。一个大类是中介不发达的对象,即我们常说的清晰事物。其中又可细分为两小类,一小类的中介是可以忽略不计的事物,如男女之间的阴阳人一般都忽略不计;而只要忽略中介,它们就成为二值逻辑处理的非此即彼现象。另一小类的中介虽然不可忽略,但不同中介彼此能够明确区分开来,用穷举中介的办法可以做出完整的描述,多值逻辑处理的就是这类对象。另一大类是中介发达的事物,由于中介数量很大,往往有无穷多,给穷举中介带来极大困难;如果中介是连续无穷的,特别是不同中介彼此贯通,相互渗透,难以区分,根本无法穷举中介。这就是典型的模糊事物,这种中介过渡性就是模糊性。对于这类事物,忽略中介或穷举中介的办法不再适用。欲把握这类由发达的中介过渡联系起来的差异或对立,唯一有效的办法是给事物以柔性的分类,包括划分等级、档次、区位等。但是,把大量的或无穷多的,甚至连续无穷的中介事物划分为少数几类,在相互渗透的事物之间划定界限,总有许多中介显得没有明确的类属,

二、模糊性——逻辑学面临的挑战

分类者便会产生模糊不清的感觉。这就是空间维中的模糊性。

从时间的无限流逝看，我们不能通过穷举一切中介时刻来把握事物的历史演变和发展，而应当分期或分阶段地描述它。分期也是分类。只要时间尺度足够大，连续的历史进程都会呈现为若干不同的过程，每个过程又可以划分为若干阶段或一级分过程，进一步还可以划分为二级分过程，等等。但历史是连续走过来的，两个相邻的过程或阶段都没有截然分明的界限，不能做一刀切的划分，相邻的过程之间，相邻的阶段之间，必然呈现出界限不分明性。这就是时间维中的模糊性。古代、近代、现代和当代，初唐、盛唐、中唐和晚唐，前现代、现代和后现代，等等，都是时间维中的模糊分类，在不同而相邻的过程或阶段之间的过渡时期内，人们必定遇到模糊性。

说到底，模糊性来自事物的普遍联系性和发展变化性，因而总是出现在空间中或结构上的结合部或边缘区，出现在时间中的相邻的过程或相邻的阶段之间的过渡时期。

三、模糊集合论

模糊逻辑有资格步入现代逻辑学殿堂,决定性的一步是札德提出的模糊集合论为描述模糊性提供了数学的和逻辑学的手段。所以,介绍模糊逻辑必须介绍模糊集合,懂得模糊逻辑必须懂得模糊集合论。

3.1 从改造传统集合论做起

由于逻辑和数学的精确化是在集合论基础上实现的,有必要简略地剖析一下集合论是如何排除了模糊性的。为叙述方便起见,我们把这种集合论称为传统集合论,把它所讨论的对象称为精确集合(模糊学文献一般称之为普通集合),以区别于札德引入的模糊集合。

三、模糊集合论

考察集合必定涉及论域。一项认知活动中涉及的所有事物或对象的全体称为论域,即讨论所涉及的对象领域,这些事物或对象称为元素。在传统集合论中,集合被理解为论域中那些在直观上或思想上确定的、能够彼此区分的元素汇聚在一块而形成的全体。在第二章第1节讨论的例子中,杜宇环所在班级的全体同学构成论域,每个同学都是元素,所有男生、所有女生、所有台湾来的学生等分别构成该论域上的不同集合。元素用小写字母 a、b、x、y 等表示,论域上的集合用大写字母 A、B、C 等表示。论域也是集合,称为全集合,一般记作 U、V 等。元素和集合的基本关系是属于或不属于,分别用 $\in$ 或 $\notin$ 表示,x 属于 A 记作 $x \in A$,y 不属于 A 记作 $y \notin A$。

集合是对论域中的元素进行分类的结果,一个元素类就是一个集合。分类是按照元素是否具有某种性质进行的。传统集合论有一个假设,对于任一取定为分类标准的性质 P 而言,论域中的元素要么具有性质 P,要么不具有性质 P,非此即彼,明确肯定,绝不含糊。按照性质 P 对论域 U 中的元素进行分类而得到的集合 S,就是精确集合,其特点是:对于论域 U 中的任一元素 x,要么 $x \in S$,要么 $x \notin S$,二者必居其一,且只居其一。以《红楼梦》中所有人物为论域,男人、女人、贾姓、非贾姓、宁府的人、荣府的人、金陵正十二钗、金陵副十二钗等,都是精确集合。以所有实数为论域,奇数、偶数、正数、非正数、负数、非负数、质数、合数、有理数、无理数等，也都是精确集合。

通常把这个假设称为概括原则，在集合论中具有十分重要的作用。根据概括原则，论域 U 上集合 S 可半形式化地定义为：

$$S=\{x \mid x \in U, 且具有性质 P\} \tag{3.1}$$

代表在同一论域上具有性质 P 的所有元素构成的类。给定论域，以 P(x) 表示 x 具有性质 P，集合 S 可形式化地表示为：

$$S=\{x \mid P(x)\} \tag{3.2}$$

例如，令 O 记偶数集合，可半形式化地表示为

$$O=\{x \mid x 是整数且能被 2 整除\} \tag{3.3}$$

又如，令 N 记诺贝尔物理学奖得主，可半形式化地表示为：

$$N=\{x \mid x 获得诺贝尔物理学奖\} \tag{3.4}$$

精确集合还可以用特征函数给出形式化定义。集合 A 的特征函数，记作 $f_A(x)$，定义为：

$$f_A(x)=\begin{cases} 1 & x \in A \\ 0 & x \notin A \end{cases} \tag{3.5}$$

概括原则是一个非常强的假设，基于它所定义的集合，代表的是而且仅仅是论域上的清晰事物类，因而能够给概念、判断、推理、论证以精确描述，实现逻辑和数学的精确化。但也

三、模糊集合论

恰恰由于采用这一假设,把事物对类别的隶属关系绝对化,使集合的定义过于精确、僵硬,完全无法描述模糊性,从而把一切程度型的事物类都排除在逻辑和数学研究的对象之外。但是,由现实事物构成的论域(不考虑那些纯粹由人造符号构成的论域)无穷无尽,同一论域上存在各种各样的集合,元素对集合的隶属关系也是各种各样的,有些是要么属于、要么不属于的是否型问题,有些则是部分属于、部分不属于的程度型问题,这后一种隶属关系更普遍,逻辑学不能永远把它们拒之门外。

札德第一个意识到,要用集合概念表示后一种隶属关系,即描述模糊性,必须从修正逻辑学的数学基础集合论入手。这就要改造概括原则,放弃传统集合论的基本假设,代之以一个新的假设:论域上的元素从属于集合到不属于集合一般是逐步过渡而非突然改变的。不妨把这个假设称为模糊概括原则,它包括以下两个相互联系的方面。

其一,把元素对集合的隶属概念模糊化,变绝对的属于或不属于为相对的属于或不属于。这意味着承认存在这样的集合:论域中至少有部分元素既非完全属于该集合,亦非完全不属于该集合,而是部分属于又部分不属于该集合。采用模糊概括原则意味着,以某种模糊属性作为分类标准,对论域上的元素进行柔性分类,形成所谓模糊集合。论域 U 上的模糊集合 $\underline{S}$ 可以

半形式化地定义为:

$$S=\{x|x\in U,且在一定程度上具有性质 P\} \qquad (3.6)$$

以《红楼梦》中所有人物为论域,美女、好人等都是模糊集合。以所有实数为论域,很大的数、较小的数等也是模糊集合。以全体中国人为论域,少年人、青年人、中年人、老年人,健康的人与不健康的人,学业优秀的学生与学业一般的学生,奉公守法者与违法乱纪者,以及女强人、杰出人物,等等,都是模糊集合。以一个班级为论域,高个子、英俊小伙子、漂亮姑娘等都是模糊集合。法学教授一般都是奉公守法的,但他们中的不少人有时也骑车闯红灯,可见奉公守法者实际上也构成一个模糊集合。

其二,把属于概念数量化,引入隶属度概念,承认论域上的不同元素对同一集合可以有不同的隶属程度,把隶属关系定量化。10 岁的小姑娘完全是少年,20 岁的大姑娘是典型的青年,但从 10 岁到 20 岁是逐步过渡的,中间存在各种不同年龄的人,他(她)们各以一定程度属于少年,又在一定程度上属于青年,其间不存在明确的界限。15 岁的孩子对少年的隶属度小于 10 岁孩子的隶属度,身高 1 米 90 者对高个子集合的隶属度大于身高 1 米 80 者的隶属度,如此等等,反映了隶属关系固有的数量特征。

罗素在 90 多年前的那场著名讲演中实际上已经有了把隶属

关系模糊化的思想因素，由于没有虑及隶属程度的定量化问题，他不可能提出模糊集合概念。布莱克只就一个特殊问题对模糊性做了量化处理，也无法提出模糊集合概念。札德第一次把二者统一起来，在把隶属关系模糊化的同时，引入元素对集合的隶属度这个概念，用隶属函数定义模糊集合，找到刻画模糊性的数学方法。

基于上述讨论，可以用集合论的语言来阐释模糊性：所谓模糊性，指元素从属于集合到不属于集合的渐变性，或中介过渡性；所谓精确性，指元素从属于集合到不属于集合的突然变化性，或间断性，亦即非中介过渡性。

3.2 从老师阅卷打分看模糊集合

隶属度是模糊集合论的基本概念之一。作为一个科学术语，它是札德第一个提出来的，但用具体数值表示事物具有某种性态或归属某个类别的程度，这种思想产生于人类的社会实践，由来已久，不同领域都有所表现，人们最熟悉的大概是教育领域。

一门课程讲完后，授课老师和校方总要设法尽量准确而详细地了解班上同学对课程内容掌握的情况。任何一门课程，任何一个班级，对任何一位老师来说，学生们掌握课程的情况都不是整齐划一的，有的近乎完全掌握，有的基本掌握，有的大部分掌握，有的部分掌握，有的可能基本未掌握，不一而足。老师不应当简单地断定某些学生完全掌握了、某些学生完全没有掌握一门课程，把它们简化为两个精确集合；具有意义的是确定每个学生在多大程度上掌握了该课程。这就是说，"掌握了某课程"是一种模糊属性，据之对学生进行分类是一种模糊分类，"掌握了某课程的学生"构成的是一个模糊集合。

但学生对课程的掌握程度是一种非常复杂的、模糊的数量特性，完全不同于长度、重量、速度、密度之类的物理量，无法给出精确的定义，没有客观的度量单位，不能用仪器进行实地测量，需采用一种独特的方法进行度量。教育工作者在长期实践中创造了用出题考试、阅卷打分的方法，相当有效地解决了这个问题。完全答对的给 100 分，完全答错的给 0 分，部分答对的给的分数介于 0 和 100 之间，考得越好给的分数越高，考得越差给的分数越低。这样给出的考分就是每个学生对"掌握了某课程的学生"这个模糊集合的隶属度。然后做出全班分数的成绩登记表，即隶属度在论域（班级）上的分布，老师即可据之对全班学习情况做出整体的分析评价。

例 1 苗老师给学生开的《模糊学》课程结束了，经过期末考试和阅卷打分，他给系办公室交出一份全班 50 个学生分数的成绩登记表：

三、模糊集合论

姓名	丁一	于二	王三	……	贾四九	甄五十
分数	85	97	62	……	78	53

这些分数反映每个学生各自在多大程度上掌握了该课程，即该学生对"掌握了《模糊学》的学生"这个模糊集合的隶属度。分数表体现了隶属度在 50 个学生中的分布，能够整体地反映这个班级的学习情况，亦可对教师的教学效果做出整体评估。有教学经历的人都知道，重要的不是单个分数而是分数表，即隶属度在论域上的整体分布。

在数学中，因变量 f 和自变量（元）x 之间的对应关系称为函数，记作 f(x)。在上例中，学生的姓名为自变元，考试成绩为因变量，分数表给出它们之间的对应关系，就是一种用表格形式表示的函数。鉴于这里的因变量是元素对模糊集合的隶属度，札德把它称为隶属函数。隶属函数是定量地刻画模糊性、逻辑地界定模糊集合的基本工具。

隶属度是一种相对量，要在比较中区分大小。单一课程考试分数一般限制在 0 到 100 分范围内。高考分数是几门课程的总分，一般在 0 到 750 分范围内。一个考生是否达到上大学的水平，也是一个带有模糊性的问题，她（他）的总分就是她（他）对"达到上大学水平的考生"这个模糊集合的隶属度。每个具体问题都有习惯的打分范围。为了理论处理的统一和方便，模糊集合论要求对隶属度做归一化处理，限制在实数区间

[0，1]内。例如，课程考试通常取百分制，考分除以100，即可实现归一化处理。在一般情形下，我们有如下

定义 论域U上的一个模糊集合$\underline{A}$是用一个从论域U到实数区间[0，1]的函数$\mu_{\underline{A}}(u)$表示的，它给论域U中的每个元素u_i指定一个实数μ_i，$0 \leqslant \mu_i \leqslant 1$，$\mu_i$表示元素$u_i$属于模糊集合$\underline{A}$的程度，叫作元素$u_i$对集合$\underline{A}$的隶属度，$\mu_{\underline{A}}(u)$叫作集合$\underline{A}$的隶属函数。

为简便计，常常把$\mu_{\underline{A}}(u)$直接记作$\underline{A}(u)$。

请将这个定义和上例联系起来，仔细思考模糊集合的特点，并同精确集合进行比较。在传统集合论中，表示一个集合就是把论域中所有属于它的元素指出来，比较两个集合就是比较它们所包含元素的异同。模糊集合不能用这种选择-淘汰的方法来确定，由于论域中每个元素都在一定程度上（包括隶属度为0）属于每个模糊集合，考察模糊集合包含哪些元素已经没有什么意义。模糊集合实质是一个函数，给定隶属函数就是给定模糊集合，表示一个模糊集合不在于指出它包含哪些元素，而在于确定论域中每个元素对它的隶属度，隶属函数表现的是隶属度随着元素变化而变化的方式和趋势，也就是隶属度在论域上的分布。比较两个模糊集合就是比较它们的隶属函数的异同。对于同一模糊集合$\underline{S}$，论域中的不同元素隶属于它的程度一般是不同的，同一元素u对不同模糊集合$\underline{S}$和$\underline{T}$的隶属程度一般也

不同，反映了元素从属于集合到不属于集合的渐变可以有不同的方式，隶属程度渐变的不同方式代表不同的模糊集合。

在精确集合的特征函数（3.5）中，0 和 1 原本只是符号，没有量的含义，改用别的符号表示也未尝不可。引进模糊集合的隶属函数概念后，可以对特征函数做出新的解释：0 表示元素百分之百不属于集合，1 表示元素百分之百属于集合，论域上不存在部分属于又部分不属于集合的元素。在这个意义上，特征函数是隶属函数的特例，隶属函数是特征函数的推广；精确集合是模糊集合的特例，模糊集合是精确集合的推广。

例 1 给出的是隶属函数的表格表示法。若考虑有限离散论域 U，它的一般形式为

$$U=\{u_1, u_2, \cdots, u_n\} \tag{3.7}$$

其中，n 为正整数。设 $\underline{A}$ 为 U 上的模糊集合，模糊集合论通常采用以下方法表示隶属函数：

$$\underline{A}(u)=\mu_1/u_1+\mu_2/u_2+\cdots+\mu_n/u_n \tag{3.8}$$

其中，μ_i 是元素 u_i 对集合 $\underline{A}$ 的隶属度，满足条件

$$0\leqslant\mu_i\leqslant 1, \quad i=1, 2, \cdots, n \tag{3.9}$$

注意，(3.8) 中的 μ_i/u_i 并非数学中的分式，它只表示元素（分母）与隶属度（分子）的对应关系，符号＋也不代表加法运

算，只表示把所论各项汇集在一起。如果论域中的元素有确定的排序，为书写简便，可以略去元素，只顺序给出各元素的隶属度，得到如下形式表示的模糊集合：

$$\underline{A}(u)=(\mu_1,\mu_2,\cdots,\mu_n) \tag{3.10}$$

$\underline{A}(u)$ 的形式类似于数学中的向量，(3.10) 式常常被称为模糊向量，只是要求它的所有分量满足条件（3.9）。在进行模糊集合的运算时，用向量形式表示的模糊集合往往更便利。

当论域是由某个连续变量给定时，模糊集合的隶属函数宜用数学解析式或图形来表示。

例 2 取人的年龄变化范围 U＝[0，100]（岁）为论域，年轻和年老都是 U 上的模糊集合，分别记作 $\underline{Y}$ 和 $\underline{O}$。札德给它们规定了以下隶属函数：

$$\underline{Y}(u)=\begin{cases}1 & 0\leqslant u\leqslant 25 \\ \left[1+\left(\dfrac{x-25}{5}\right)^2\right]^{-1} & 25<u\leqslant 100\end{cases} \tag{3.11}$$

$$\underline{O}(u)=\begin{cases}0 & 0\leqslant u\leqslant 50 \\ \left[1+\left(\dfrac{x-50}{5}\right)^2\right]^{-1} & 50<u\leqslant 100\end{cases} \tag{3.12}$$

图 3.1 和图 3.2 分别给出年轻和年老的隶属函数的曲线表示形式。

图 3.1 模糊集合年轻

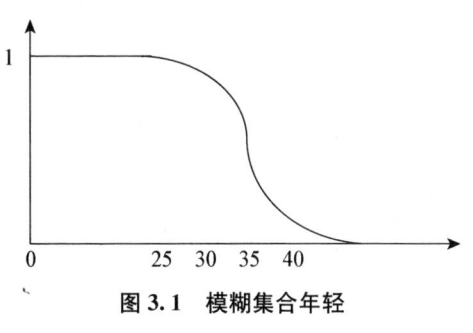

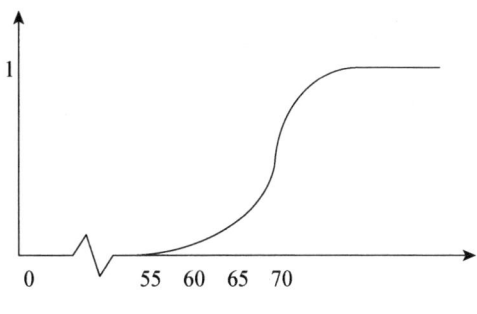

图 3.2 模糊集合年老

模糊集合所反映的是事物的中介过渡性,隶属函数反映的是隶属度在论域上的分布。给定一个模糊集合 A,一般来说,根据它的隶属函数可以定义 4 个精确集合:A 的核心,A 的支撑,A 的边缘,A 的外部。它们的定义如下:

(1) A 的核心,记作 KerA,指论域 U 上的精确集合

$$\text{Ker}\underline{A} = \{u \mid u \in U, \underline{A}(u) = 1\} \quad (3.13)$$

(2) A 的支撑,记作 SuppA,指论域 U 上的精确集合

$$\text{Supp}\underline{A} = \{u \mid u \in U, \underline{A}(u) > 0\} \quad (3.14)$$

(3) A 的边缘，记作 $\text{Edg}A$，指论域 U 上的精确集合

$$\text{Edg}A = \text{Supp}A - \text{Ker}A = \{u \mid u \in U, 0 < A(u) < 1\}$$
(3.15)

(4) A 的外部，记作 $\text{Ext}A$，指论域 U 上的精确集合

$$\text{Ext}A = U - \text{Supp}A = \{u \mid u \in U, A(u) = 0\} \quad (3.16)$$

显然有

$$\text{Ker}A \cup \text{Edg}A \cup \text{Ext}A = U \quad (3.17)$$

以实数区间 [a, b] 记论域，图 3.3 给出按照模糊集合 A 的隶属曲线对论域的划分。一个模糊集合的重要特点，可以通过它的核心、支撑、边缘和外部得到相当充分的刻画。

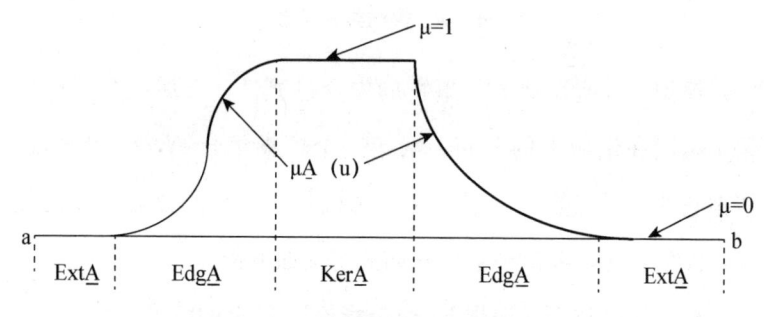

图 3.3 模糊集合对论域的划分

现代社会常常搞民意测验，也是以隶属度和模糊集合来刻画相关对象。可见，模糊逻辑和模糊学将会在治国理政中派上用场。

3.3 谈谈模糊集合的运算

在精确逻辑中,通过集合的运算使推理论证形式化,从而能够用计算机精确地模拟逻辑思维。为了用计算机近似描述人脑的模糊逻辑思维,札德把传统集合的运算规则推广到模糊集合,制定了一整套模糊集合的运算规则。

相等 两个模糊集合 $\underline{A}$ 和 $\underline{B}$ 相等,当且仅当它们的隶属函数相同,即论域中的任一元素 u 对 $\underline{A}$ 和 $\underline{B}$ 都有相同的隶属度,即

$$\underline{A}=\underline{B}, 当且仅当对于所有 u\in U, \mu_{\underline{A}}(u)=\mu_{\underline{B}}(u) \quad (3.18)$$

包含 在传统集合论中,"包含"类同"大于",集合 A 包含 B,相当于说 A 大于 B,凡属于 B 的元素都属于 A。模糊集合用隶属函数的"大于"解释集合的包含关系:模糊集合 $\underline{A}$ 包含 $\underline{B}$,记作 $\underline{A}>\underline{B}$,当且仅当论域上的每个元素 u 对 $\underline{A}$ 的隶属度都不小于它对 $\underline{B}$ 的隶属度,即

$$\underline{A}>\underline{B}, 当且仅当对于所有 u\in U, \mu_{\underline{A}}(u)\geqslant\mu_{\underline{B}}(u) \quad (3.19)$$

模糊集合最基本的运算同样是并、交、补,也分别记作 ∪、∩、C。这三种运算都是针对同一论域上的模糊集合进行的,运算结果得到的是同一论域上的另一些模糊集合,运算规则就是如何根据支集合(参加运算的集合)的隶属函数确定运算结果

所得模糊集合的隶属函数。对不同论域上的模糊集合进行运算是没有意义的。仍就论域（3.7）来讨论。

并运算 论域 U 上两个模糊集合 $\underline{A}$ 和 $\underline{B}$ 的并集，记作 $\underline{A}\cup\underline{B}$，仍是 U 上的模糊集合，它的隶属函数（向量形式）按照下式确定：

$$\mu_{\underline{A}\cup\underline{B}}(u_i)=\mu_{\underline{A}}(u_i)\vee\mu_{\underline{B}}(u_i), 对于所有 u_i\in U \quad (3.20)$$

其中，i=0，1，…，n；符号 $\vee$ 代表在前后两个数值中取大值的运算，其思想来源于现实生活中"两利相较取其重"的原则。

例3 给定向量形式的模糊集合 $\underline{A}=(0.3，0.6，1，0，0.7)$ 和 $\underline{B}=(0.5，0.2，0.8，0.4，0.4)$，则它们的并集 $\underline{A}\cup\underline{B}$ 的隶属函数（向量形式）为：

$$(\underline{A}\cup\underline{B})(u)=(0.3\vee 0.5, 0.6\vee 0.2, 1\vee 0.8, 0\vee 0.4, 0.7\vee 0.4)$$

$$=(0.5, 0.6, 1, 0.4, 0.7) \quad (3.21)$$

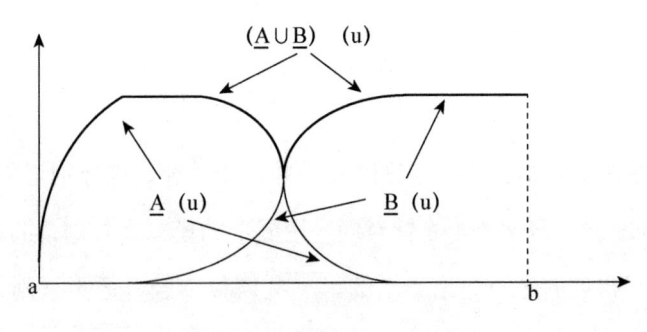

图 3.4 模糊集合的并运算

交运算 论域 U 上两个模糊集合 $\underline{A}$ 和 $\underline{B}$ 的交集，记作 $\underline{A}\cap\underline{B}$，仍是 U 上的模糊集合，它的隶属函数（向量形式）按照下式确定：

$$\mu_{\underline{A}\cap\underline{B}}(u_i)=\mu_{\underline{A}}(u_i)\wedge\mu_{\underline{B}}(u_i), \text{对于所有 } u_i\in U \quad (3.22)$$

其中，i=0，1，…，n；符号 $\wedge$ 代表在前后两个数值中取小值的运算，其思想来源于现实生活中"两害相较取其轻"的原则。

例 4 仍取例 4 中的两个模糊集合，按照上式计算，其交集 $\underline{A}\cap\underline{B}$ 的隶属函数（向量形式）为：

$(\underline{A}\cap\underline{B})(u)=(0.3\wedge 0.5,0.6\wedge 0.2,1\wedge 0.8,0\wedge 0.4,0.7\wedge 0.4)$

$$=(0.3,0.2,0.8,0,0.4) \quad (3.23)$$

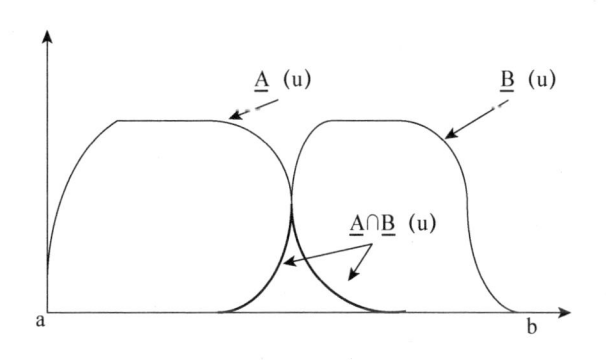

图 3.5 模糊集合的交运算

补运算 论域 U 上模糊集合 $\underline{A}$ 的补集，记作 $\underline{A}^c$，仍是 U 上的模糊集合，它的隶属函数（向量形式）按照下式确定：

$$\mu_{\underline{A}^c}(u_i)=1-\mu_{\underline{A}}(u_i),\text{对于所有 } u_i \in U \qquad (3.24)$$

其中，i=0，1，…，n；符号"—"即通常的减法运算。

例5 仍取例3中的两个模糊集合，按照上式计算，其补集 $\underline{A}^c$ 的隶属函数（向量形式）为：

$$\underline{A}^c(u)=(1-0.3,1-0.6,1-1,1-0,1-0.7)$$
$$=(0.7,0.4,0,1,0.3) \qquad (3.25)$$
$$\underline{B}^c(u)=(1-0.5,1-0.2,1-0.8,1-0.4,1-0.4)$$
$$=(0.5,0.8,0.2,0.6,0.6) \qquad (3.26)$$

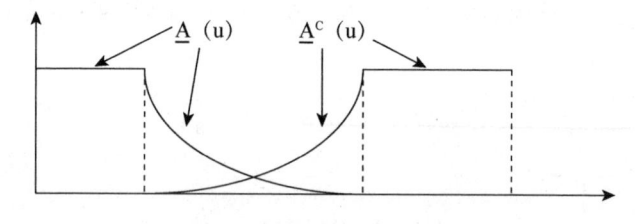

图 3.6 模糊集合的补运算

人脑思维常常进行模糊集合的并、交、补运算。天气预报"明天有中到大雨"，使用了模糊集合的并集"中雨∪大雨"。《水浒传》描写杨志在二龙山前面的林子里看到"一个胖大和尚"，是用模糊集合的交集"胖和尚∩大个子和尚"来形容鲁智深。"不好"是"好"的补集，"非正常生产"是"正常生产"的补集，等等。

对于这样定义的模糊集合运算，精确集合论的大多数运算

三、模糊集合论

规律,如幂等律、交换律、结合律、分配律、吸收律、对偶律、复原律等,仍然成立。但传统集合论还有互余律:

$$A \cup A^c = U \tag{3.27}$$

$$A \cap A^c = \Phi(空集) \tag{3.28}$$

对于模糊集合不成立。若 $\underline{A}$ 为论域 U 上的模糊集合,则 $\underline{A} \cup \underline{A}^c$ 仍是 U 上的模糊集合,而非论域 U 本身;$\underline{A} \cap \underline{A}^c$ 也是 U 上的模糊集合,而非空集合 Φ。(3.27)式意味着要求模糊集合 $\underline{A} \cup \underline{A}^c$ 的隶属度恒等于 1,即对于 U 中的所有元素 u,$(\underline{A} \cup \underline{A}^c)(u) \equiv 1$。(3.28)式要求模糊集合 $\underline{A} \cap \underline{A}^c$ 的隶属度恒等于 0,即对于 U 中的所有元素 u,$(\underline{A} \cap \underline{A}^c)(u) \equiv 0$。但这是不真实的,读者不妨就例 5 中的模糊集合 $\underline{A}$ 和 $\underline{A}^c$,自己动手验算一下。

互余律对模糊集合不成立,这个性质具有重要的逻辑意义,它表示精确逻辑排中律和矛盾律在模糊逻辑中不成立。这是模糊逻辑的重要特征之一,将在后面讨论。

札德给出的并、交、补运算是从多值逻辑中借用来的,显示出多值逻辑对模糊逻辑的影响。这些运算可以在一定程度上模拟人脑的模糊逻辑思维,但仍然太机械,有待改进。

3.4 远亲不如近邻——关系也有模糊性

传统集合论的另一个基本概念是关系,它的重要性在于逻辑的推理论证是用关系的运算表示的。传统集合论只考察精确关系：给定关系 R，对象 a 与 c 要么具有关系 R，记作 aRc；要么不具有关系 R，记作 $a\underline{R}c$，二者必居其一，且只居其一。人与人之间的关系，如父子关系、祖孙关系、夫妻关系、师生关系等，国家之间的关系，如正式建交关系、同盟关系等，数量之间的关系，如相等、大于、小于等，以及几何图形之间的相似关系，集合之间的包含关系，等等，都是精确关系。王矮虎和一丈青是夫妻关系，宋公明与阎婆惜不是夫妻关系，藤野与鲁迅是师生关系，中国与美国有外交关系，中国与梵蒂冈无外交关系，一切正三角形都相似，等等，都明确肯定，没有模糊性。

凡讲到关系，都要涉及两个或多个论域。最基本的是二元关系，即两个论域中的元素之间的关系。一般地，可以把关系看成一种特殊的集合。在论域（3.7）之外，再取论域

$$V=\{v_1, v_2, \cdots, v_m\} \tag{3.29}$$

从 U 和 V 中取元素构成有序对 $<u_i, v_j>$，共有 $n \times m$ 个，由全体有序对构成的集合，记作 $U \times V$，称为 U 和 V 的直积。

$$U \times V = \left\{ <u_i, v_j> \middle| \begin{array}{l} u_i \in U, i=1,2,\cdots,n; \\ v_j \in V, j=1,2,\cdots,m \end{array} \right\} \tag{3.30}$$

把直积 $U \times V$ 作为论域，一个从 U 到 V 的精确关系 R，就是论域 $U \times V$ 上的一个精确集合，以 1 表示具有关系 R 的有序对，以 0 表示不具有关系 R 的有序对，形成一个 $n \times m$ 阶矩阵，

就是刻画精确关系 R 的数学工具,称为 R 的特征矩阵。

例 6 取贾府文字辈男女的集合为论域 U＝{贾敬,贾赦,邢夫人,贾政,王夫人},金陵正十二钗的集合为论域 V＝{黛玉,宝钗,元春,探春,湘云,妙玉,迎春,惜春,熙凤,巧姐,李纨,可卿},血缘关系是从 U 到 V 的一个精确关系,U 中 5 个元素与 V 中 12 个元素之间共有 60 种可能的有序对,如〈敬,黛〉、〈赦,妙〉、〈邢,迎〉等,凡有血缘关系的用 1 表示,没有血缘关系的用 0 表示,得到下表:

U\V	黛玉	宝钗	元春	探春	湘云	妙玉	迎春	惜春	熙凤	巧姐	李纨	可卿
贾敬	1	0	1	1	1	0	1	1	0	1	0	0
贾赦	1	0	1	1	1	0	1	1	0	1	0	0
邢夫人	0	0	0	0	0	0	1	0	0	1	0	0
贾政	1	0	1	1	1	0	1	1	0	1	0	0
王夫人	0	1	1	0	0	0	0	0	1	1	0	0

上表中那个 5 行 12 列的矩阵,是 U、V 之间血缘关系的特征矩阵 R:

$$R=\begin{bmatrix} 1 & 0 & 1 & 1 & 1 & 0 & 1 & 1 & 0 & 1 & 0 & 0 \\ 1 & 0 & 1 & 1 & 1 & 0 & 1 & 1 & 0 & 1 & 0 & 0 \\ 0 & 0 & 0 & 0 & 0 & 0 & 1 & 0 & 0 & 1 & 0 & 0 \\ 1 & 0 & 1 & 1 & 1 & 0 & 1 & 1 & 0 & 1 & 0 & 0 \\ 0 & 1 & 1 & 0 & 0 & 0 & 0 & 0 & 1 & 1 & 0 & 0 \end{bmatrix} \quad (3.31)$$

注意，讨论关系，不排除 U＝V 的情形，即论域 U 到自身的关系。如整数论域上的大于关系、整除关系，同一班级的同龄关系、同乡关系，等等。

现实世界还存在大量不那么清晰、确定的关系 R，对象之间不是要么具有关系 R，要么不具有关系 R，而是在一定程度上具有关系 R，又不完全具有关系 R，我们称其为模糊关系。在国家之间，友好或敌对都是模糊关系。凡正式建交的国家都属于友好国家，但友好的程度差别很大，不能做是或否的简单断定。在人与人的关系中，朋友、仇家、同乡、本家等都是模糊关系。中国有个成语说"远亲不如近邻"，近亲和远亲的界限何在？近邻和远邻又如何区别？谁也无法给出确切的划分根据。所以，远亲和近邻都是典型的模糊关系。既然有远、近程度之分，是否亲戚和是否邻居也属于程度问题，因而都是模糊关系。两个王姓公民相遇，常戏称"五百年前是一家"，说的是本家关系有程度上的远近之别。人与人长得面貌相像也是模糊关系，只能说相像的程度如何，不能做是或否的简单判定。按照《红楼梦》的描写，甄宝玉长得像贾宝玉，晴雯像林黛玉，贾环不像宝玉，等等，描写的是面貌相像这种模糊关系。数学中也有很多模糊关系，如"远大于""近似相等""略小于""充分接近"等。10 算不算远大于 1？90 算不算略小于 100？都没有明确肯定的答案，因语境不同而有不同的真实程度。总之，模糊关系是一种客观存在，而且比精确关系更广泛、更普遍,逻辑学必须加以研究,像模糊集合那样,给模糊关系以形式化的刻画。

模糊关系是把精确关系模糊化的结果。谈论模糊关系同样要涉及几个论域,最基本的二元模糊关系涉及两个论域。根据模糊概括原则,从论域 U 到 V 的模糊关系 R 的基本特征是,U 的元素 u 和 V 的元素 v 之间从具有关系 R 到不具有关系 R 是逐步过渡而非突然改变的,刻画模糊关系 R,就是给所有可能的元素有序对 $\langle u_i, v_j \rangle$ 确定一个具有关系 R 的程度 r_{ij}。仍就论域 (3.7) 和 (3.30) 来讨论。从 U 到 V 的模糊关系 R,是论域 U×V 上的一个模糊集合,给每个元素有序对 $\langle u_i, v_j \rangle$ 确定一个隶属度 r_{ij}:

$$0 \leqslant r_{ij} \leqslant 1 \qquad (3.32)$$

代表元素 u_i 和 v_j 具有关系 R 的程度,百分之百具有关系 R 的隶属度为 1,百分之百不具有关系 R 的隶属度为 0,在一定程度上具有关系 R 的隶属度介于 0 和 1 之间,得到下表:

	v_1	v_2	...	v_m
u_1	r_{11}	r_{12}	...	r_{1m}
u_2	r_{21}	r_{22}	...	r_{2m}
		......		
u_n	r_{n1}	r_{n1}	...	r_{nm}

上表中那个由 n 行 m 列数字形成的矩阵,记作 R

$$\underline{R} = \begin{bmatrix} r_{11} & r_{12} & \cdots & r_{1m} \\ r_{21} & r_{22} & \cdots & r_{2m} \\ \cdots\cdots\cdots\cdots\cdots \\ r_{n1} & r_{n1} & \cdots & r_{nm} \end{bmatrix} \qquad (3.33)$$

是一个模糊矩阵，或简记为

$$\underline{R} = (r_{ij})_{n \times m} \qquad (3.34)$$

这个 n×m 阶矩阵就是刻画从论域 U 到论域 V 上的模糊关系 $\underline{R}$ 的模糊矩阵 $\underline{R}$。

例7 $U = \{u_1, u_2, u_3\}$，$V = \{v_1, v_2, v_3, v_4\}$，按照下表给出每个有序对 $\langle u_i, v_j \rangle$ 的隶属度：

	v_1	v_2	v_3	v_4
u_1	0.7	0.5	0.3	0.8
u_2	0.2	0.4	1	0.6
u_3	0.3	0	0.7	0.5

其中的 3×4 阶模糊矩阵

$$\underline{R} = \begin{pmatrix} 0.7 & 0.5 & 0.3 & 0.8 \\ 0.2 & 0.4 & 1 & 0.6 \\ 0.3 & 0 & 0.7 & 0.5 \end{pmatrix} \qquad (3.35)$$

是对这个模糊关系的定量刻画。

作为 U×V 上的模糊集合，不同模糊关系之间可以类似于模糊集合那样定义相等、包含、并运算、交运算和补运算等。感兴趣的读者不妨一试。

设 R 是从 U 到 V 的关系，S 是从 V 到 W 的关系，可以根据 R 和 S 得出从 U 到 W 的关系 T。毛岸青与毛新宇为父子关系，毛泽东与毛岸青为父子关系，故毛泽东与毛新宇为祖孙关系。河北在山西之东，山西在陕西之东，故河北在陕西之东。在集合论中，这叫作关系的合成，是一种精确的关系运算，传统逻辑有深入的研究。模糊关系之间也可以进行合成运算。例如，若知独孤雄与欧阳顾年龄相仿，且独孤雄比澹台明亮小得多，则可推知欧阳顾比澹台明亮小得多。又如，若知昨天比前天热，而今天比昨天热得多，则可推知今天比前天热得多。这些都是模糊关系的合成运算。

札德用隶属度的极大一极小运算定义了模糊关系的合成运算。在论域（3.7）和（3.30）之外，再取论域

$$W=\{w_1, w_2, \cdots, w_p\} \quad (3.36)$$

设 $\underline{R}$ 是从 U 到 V 的模糊关系，用 $n \times m$ 阶模糊矩阵 $\underline{R}=(r_{ij})_{n \times m}$ 描述；$\underline{S}$ 是从 V 到 W 的模糊关系，用 $m \times p$ 阶模糊矩阵 $\underline{S}=(s_{jk})_{m \times p}$ 描述；则由 $\underline{R}$ 和 $\underline{S}$ 经过关系合成运算得到从 U 到 W 的模糊关系 $\underline{T}$，记作

$$\underline{T}=\underline{R} \circ \underline{S} \quad (3.37)$$

描述合成模糊关系 $\underline{T}$ 的 $n\times p$ 阶模糊矩阵 $\underline{T}=(t_{ik})_{n\times p}$ 按照下式定义：

$$\underline{T}(t_{ik})=(\underline{R}o\underline{S})(t_{ik})$$
$$=\vee(r_{ij}\wedge s_{jk}) \tag{3.38}$$

其中 t_{ik} 代表元素 u_i 和 w_k 具有关系 $\underline{T}$ 的程度。

例8 取 $U=\{u_1,u_2,u_3\}$，$V=\{v_1,v_2,v_3\}$，$W=\{w_1,w_2,w_3,w_4\}$，设

$$\underline{R}=\begin{pmatrix}0.5 & 0.7 & 0.2\\ 0.3 & 0.6 & 0.4\\ 1 & 0.3 & 0.8\end{pmatrix} \quad \underline{S}=\begin{pmatrix}1 & 0.4 & 0.6 & 0.8\\ 0.3 & 0.7 & 0.6 & 0.2\\ 0.6 & 0.5 & 0.8 & 0.2\end{pmatrix}$$

经关系合成运算得

$$\underline{T}=\underline{R}o\underline{S}=\begin{pmatrix}0.5 & 0.7 & 0.6 & 0.5\\ 0.4 & 0.6 & 0.6 & 0.31\end{pmatrix} \tag{3.39}$$

我们仅就其中的两个隶属度计算如下：矩阵 $\underline{T}$ 第一行第二列的元素是由 $\underline{R}$ 的第一行与 $\underline{S}$ 的第二列决定的，首先从 r_{11} 与 s_{12}、r_{12} 与 s_{22}、r_{13} 与 s_{32} 三对数中分别取出小者，然后在此三个数中取大者，即

$$t_{12}=\vee(0.5\wedge 0.4, 0.7\wedge 0.7, 0.2\wedge 0.5)$$
$$=\vee(0.4, 0.7, 0.2)$$
$$=0.7$$

三、模糊集合论

类似地，由 R 的第三行与 S 的第三列计算 T 第三行第三列的元素如下：

$t_{33} = \vee(1 \wedge 0.6, 0.3 \wedge 0.6, 0.8 \wedge 0.8)$

$= \vee(0.6, 0.3, 0.8)$

$= 0.8$

3.5 模糊描述的去模糊化——模糊截割

有了全班学生的分数统计表，即模糊集合"本班学生掌握模糊学"的隶属函数，苗老师还需要确定一个达到教学大纲要求的最低分数线，也就是及格线；然后按照及格线把全班学生非此即彼地划分为两个精确集合，一个是所有及格的学生，一个是所有不及格的学生，从而消除了模糊性。高考录取的总分分数线、官员选拔的录取分数线，等等，都是为了把模糊集合转化为精确集合而确定的。

模糊集合论为这些在实际工作中经常采用的方法提供了理论依据，形成所谓模糊截割理论。其核心概念是模糊集合的截集。设已知论域 U 上的模糊集合 A 的隶属函数（3.8），再给定一个满足关系 $0 < \lambda \leqslant 1$ 的实数 λ，称为置信水平，也就是录取分数线或资格程度线，或称门槛值。置信水平越低，截集越大；置信水平越高，截集越小。模糊集合 A 的 λ－截集，记作 A_λ，是指 U 上的精确集合：

$$\underline{A}_\lambda = \{u | u \in U, \mu_A(u) \geqslant \lambda\} \tag{3.40}$$

例9 设论域 $U=\{u_1, u_2, u_3, u_4, u_5\}$，给定模糊集合 $\underline{A}=(0.7, 0.5, 0.3, 0.4, 0.6)$，若 $\lambda=0.4$，则 $\underline{A}_{0.4}=\{u_1, u_2, u_4, u_5\}$；若 $\lambda=0.5$，则 $\underline{A}_{0.5}=\{u_1, u_2, u_5\}$。

模糊关系 $\underline{R}$ 也定义了 λ－截关系，记作 $\underline{R}_\lambda$，是由论域上所有 $r_{ij} \geqslant \lambda$ 的元素有序对 $\langle u_i, v_j \rangle$ 组成的精确关系。

老师考核学生不能仅仅划分为及格与不及格两个类别就算完事。由于学习水平是一种模糊属性，同样是及格的学生，水平差别还很大，尚需进一步划分成多个等级档次。通常的做法是，把及格的学生再划分为四个档次：不足 70 分的为及格，70 以上、不足 80 分的为中等，80 以上、不足 90 分的为良好，90 分以上的为优秀。

这种方法对处理模糊性问题具有普遍意义。仍然谈论论域 (3.7)，$\underline{A}$ 为 U 上的模糊集合，取 k 个不同置信水平形成的序列

$$\lambda_1 > \lambda_2 > \cdots > \lambda_k > 0 \tag{3.41}$$

顺次对模糊集合 $\underline{A}$ 取截集 $\underline{A}_\lambda$，可以得到一个由边界不断收缩的精确集合序列形成的集合套

$$\underline{A}_{\lambda_1} \quad \underline{A}_{\lambda_2} \quad \cdots \quad \underline{A}_{\lambda_k} \tag{3.42}$$

按照 (3.41) 取定模糊集合 $\underline{A}$ 的截集 $\underline{A}_{\lambda_1}, \underline{A}_{\lambda_2}, \cdots, \underline{A}_{\lambda_k}$，$\underline{A}_0 = U$，可以把论域 U 上的所有对象划分为 $k+1$ 个档次：

$\underline{A}_0 - \underline{A}_{\lambda k}$，$\underline{A}_{\lambda k} - \underline{A}_{\lambda(k-1)}$，…，$\underline{A}_{\lambda 3} - \underline{A}_{\lambda 2}$，$\underline{A}_{\lambda 2} - \underline{A}_{\lambda 1}$，$\underline{A}_{\lambda 1}$。在教学的例子中，按照置信水平序列 0.9＞0.8＞0.7＞0.6，把全体学生分成五个档次，不及格、及格、中等、良好、优秀，用的就是这种方法。

3.6 如何确定隶属度

隶属度是对事物模糊性的度量，隶属度概念是模糊集合论的基石。鉴于模糊概念、模糊判断、模糊真值、模糊量词、模糊联结词以至模糊推理的合成运算的刻画都依赖于隶属度的合理确定，有必要做点深入讨论。

首先要回答的问题是，模糊性是主观的，还是客观的？在不同语言中，语词"模糊"和"不分明"的所指都是人们在接触认识对象时产生的一种主观感受，对象本身原本无所谓模糊或不模糊、分明或不分明。有鉴于此，有人强调模糊性完全是一种主观特性，与客观存在无关，这种说法包含合理的成分，下章将做分析。此处要强调的是，这类说法中存在严重的误解，否定了现代科学所说的模糊性的客观根源。我们要问：为什么同一个人，比方说，在区分貂蝉和吕布是男人还是女人时不会出现模糊或不分明的感受，而在区分美女和丑女、好人和坏人、健康和不健康、大国和小国时，必定出现模糊或不分明的感受呢？这种差别不以人们的主观意志为转移，其根本原因在于两类对象自身特性的不同是客观的。又如，一个思维正常的人，绝不会认为 30 岁比 25 岁更年轻，天津离北京比上海离北京更远，20℃的水比 15℃的水更凉，等等。不同人在对这类事物的认识和感受中表现出来的共同性，表明这些事物的模糊特性是客观的，不同对象对同一类别在隶属程度上的差别具有客观内容。概言之，模糊性本质上是一种客观属性，是事物性态的不确定性在人脑中的必然反映，客观上不同，主观感受才不同。

从哲学上看，清晰性和精确性是相对的，模糊性是绝对的。除了人工符号系统，一切现实存在的事物都不是绝对清晰、精确的，都具有某种模糊性。男女的区分也不是绝对明确的，从生理特点说，不男不女的中性人虽属罕见，毕竟存在；从长相或性格特征来说，更有男性化的女人和女性化的男人，如汉语中的"假小子"，英语中的"sissy"。走在街上，常可碰到一些你弄不清是男还是女的年轻人。即使精确科学研究的对象中也不乏模糊性。通常认为水的三态划分界限分明，细加考察，这同样不是绝对的，物理学早就发现在水与气之间存在非气非液的状态，在水与冰之间存在非液非固的状态，都是具有模糊性的物理现象。精确科学的所有问题都可以做类似分析，表明它们都存在类似的模糊性，只是这类模糊性一般可以忽略不计而已。从本质上看，一切事物都有程度性问题，模糊性无处不在，无时不有。

隶属度的确定是一个值得注意的问题。由于不能用实物工具、仪器做度量，隶属度只能由人凭经验指定，因而实际给出的隶属度总有某些主观成分，因人而异，具有不确定性。杜宇环在班上属于高个子的程度取 0.68 或 0.72 都说得过去，老师判卷子多给或少给一两分一般也无可非议。但隶属度也不能由人任意给定，它在本质上有客观性。例如，你不能使身高 1.75 米对高个子的隶属度大于身高 1.78 米对高个子的隶属度，也不能使 25 岁对年轻的隶属度小于 30 岁对年轻的隶属度，等等。这表明，模糊性中存在不以人的主观意志为转移的客观性。所以，确定隶属度应当客观地考察对象，一般来说，关于所论问题的知识越多、经验越丰富，给出的隶属度越可信。

四、模糊逻辑概述

4.1 没有统一定义的模糊逻辑

现代科学的每个学科都可能有不同定义。逻辑学的不同分支也如此，不同学者特别是不同学派对于"什么是逻辑"常有不同理解，强调不同侧面，给出不同定义。对于精确逻辑来说，这种差别是细微的，本质上存在统一定义。但模糊逻辑不同，模糊性的特殊本质决定了用来分析它的逻辑框架多种多样，无法给出统一定义。英国学者盖因斯早在 1977 年就指出，我们不需要一个统一的模糊逻辑作为含混命题的模糊推理的基础，我们甚至还不知道是否应该有一个统一的模糊逻辑。后来的发展表明他的见解是深刻的。

四、模糊逻辑概述

人类的抽象思维区分为逻辑的与非逻辑的两种，二者都是必要的。在科学和哲学上，重要新概念的产生常常不是逻辑思维的直接结果，而是在逻辑思维长期准备而得不到结果的困惑中，随着逻辑思维的突然中断而冒出来的，即非逻辑思维的产物。许多重大的新判断、新想法、新思路也是非逻辑思维即直觉的产物。在社会实践中，政治家、企业家、军事家、教育家等同样既需要逻辑思维，也需要非逻辑思维。文学艺术活动中，无论创作还是欣赏，非逻辑思维比逻辑思维更为常见。当然，非逻辑思维与逻辑思维是相互依存、相互制约的，没有逻辑思维的长期准备，作为逻辑思维中断的直觉也很难出现。

传统观念把逻辑性说得神乎其神。实际上，"合乎逻辑"在大众心目中从来都被当作程度型问题，即模糊概念。听了一个报告，读了一篇文稿，你会在心里对它的逻辑性做出判断：完全符合逻辑，逻辑性很强，符合逻辑，逻辑性不够，不大符合逻辑，逻辑性很差，完全不合逻辑，等等。精确与模糊的界限也是模糊的。按照模糊学原理，逻辑与非逻辑的差异和对立是不充分的，逻辑的自身同一是相对的，逻辑与非逻辑之间没有截然分明的界限，从一方到另一方是逐步过渡，而非突然改变的。棋手靠非逻辑思维解决的某些问题，电脑可以靠逻辑演算来解决，在卡斯帕罗夫先后与电脑"深蓝"和"更弗里茨"的对决中，逻辑思维与非逻辑思维并用的卡斯帕罗夫败阵，只能做逻辑演算的电脑获胜,或者打成平手,表明逻辑思维与非逻辑思维具有同一性,非逻辑思维能在一定条件下转化为逻辑思维,反之亦然。哲学地看,现实世界的绝大多数事物既有逻辑问题,也有非逻辑问题,差别只是程度不同。模糊逻辑的任务不仅要对模糊性所涉及的逻辑问题给予逻辑分析,而且要对模糊性所涉及的某些非逻辑甚至非理性因素提供某种近似的逻辑描述,即用逻辑描述去逼近它。欲使模糊逻辑涵盖从逻辑到非逻辑之间广阔、多样、复杂的情形,任何具体的单一逻辑系统或理论框架都做不到。由此,规定了模糊逻辑系统的多样性。其中,有些系统更多地反映逻辑的一头,有些系统更多地反映非逻辑的一头;但只要是模糊逻辑,前者就或多或少包含非逻辑因素,后者则必须包含明确的逻辑内容。各种逻辑系统的统一使用才能全面实现对模糊性的逻辑处理。或许是由于这种特点,一些逻辑学家批评模糊逻辑几乎不像逻辑。

模糊逻辑问世之后,一些谙熟精确逻辑的学者就试图像数理逻辑那样把它公理化、形式化。就国内看,早在20世纪80年代,朱梧槚等人对札德未能解决模糊谓词的造集问题提出批评,他们在已有的中介逻辑的基础上建立了一种非经典逻辑演算系统与公理集合论系统,称为广义中介逻辑,记作MM(ML&MS)[①]。有

---

① 朱梧槚,肖溪安. 从古典集合论和近代公理集合论到中介公理集合论. 自然杂志,1986(7-9).

四、模糊逻辑概述

评论认为，ML&MS完全解决了模糊谓词的造集问题。本世纪初桂起权等又进行了新的尝试，引进模糊逻辑FZ的公理系统，讨论了FZ的谓词演算、可靠性、命题演算的判定等问题，提出能够实现"全面次协调的"相干模糊逻辑RFZ[1]。何华灿提出泛逻辑学，试图克服现有模糊逻辑的不足[2]。这些工作都是模糊逻辑研究的重要成果，有可能成为新的模糊技术和人工智能的理论依据。

众所周知，现在的模糊数学在相当程度上已经成为精确数学的一个新分支。与此类似，上述形式化、公理化了的模糊逻辑在一定程度上应该算作精确逻辑的一个新分支。借用模糊集合论语言讲，公理化的模糊逻辑对精确逻辑的隶属度明显大于对模糊逻辑的隶属度，分别取值为0.7和0.3也无可厚非；通过去模糊化处理（取截集），应当把这些公理化的模糊逻辑理论归属于精确逻辑。模糊逻辑有不同的发展方向，为人脑模糊思维服务的模糊逻辑，必须保持模糊思维固有的亦此亦彼性，公理化、形式化不是它的发展方向；为利用计算机处理模糊性的模糊逻辑，必须消除数值计算和逻辑推演中的模糊性和不确定性，公理化、形式化是其主要发展方向。这里主要讨论人脑模糊思维所使用的模糊逻辑，尽量不涉及有关模糊逻辑公理化、

---

[1] 桂起权，陈自立，朱福喜. 次协调逻辑与人工智能. 武汉：武汉大学出版社，2002.

[2] 何华灿. 泛逻辑学原理. 北京：科学出版社，2001.

形式化的内容。

由此可以断言,模糊逻辑的基本类型有二:一是形式化模糊逻辑,即机器使用的模糊逻辑,包括前文所列举的前三种模糊逻辑,将来还可能建立其他的形式化模糊逻辑;二是非形式化模糊逻辑,即人脑使用的模糊逻辑。故模糊逻辑更准确的分类应该是:

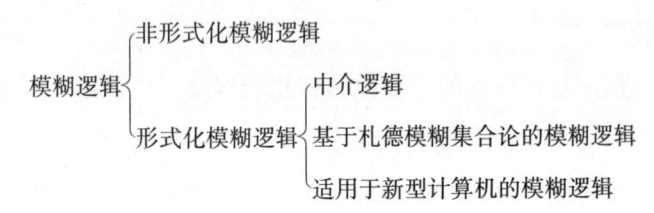

模糊逻辑 ┬ 非形式化模糊逻辑
         └ 形式化模糊逻辑 ┬ 中介逻辑
                          ├ 基于札德模糊集合论的模糊逻辑
                          └ 适用于新型计算机的模糊逻辑

4.2 札德意义上的模糊逻辑

自 1970 年代以来,札德对模糊逻辑的探索一直延续到本世纪初,不断揭示出模糊逻辑的新要素、新问题、新模式,逐步把模糊逻辑的研究推向更广阔的领域和更深入的层次。他在不同时期曾给出模糊逻辑的不同界定,现择其要点介绍如下。

1970 年代:札德指出:"具有模糊真值、模糊联结词、模糊推理规则的逻辑,我们称之为模糊逻辑。"[①](1972)"把'真'作为语言变量处理便得到模糊语言逻辑,或简称模糊逻辑。"[②]

---

① Lotfi A. Zadeh. 模糊集与模糊信息粒理论. 阮达,黄崇福,编译. 北京:北京师范大学出版社,2000:44.

② 同①165.

(1975)

1980年代：札德指出："模糊逻辑，即作为不精确或近似推理的基础的逻辑。"①（1984）"可以从两个不同视角来看模糊逻辑：(a) 看成模糊集合论的一个分支，(b) 看成多值逻辑的一种推广，特别是卢卡西维茨 L_{Aleph1} 逻辑的推广。"他指出模糊逻辑不同于传统逻辑的几个特点，即引进模糊谓词、模糊真值、模糊量词、模糊概率和限制词等②。（1989）

1990年代：札德区分了不同意义下的"模糊逻辑"。(1)"狭义地看，作为一种逻辑系统的模糊逻辑是多值逻辑的扩充，用来作为近似推理的基础"。(2)"广义地看，模糊逻辑是模糊集合论（模糊集合指具有不分明边界的事物类）的模糊同义词，因而是一种更广泛的理论"③。（1994）(3)"模糊逻辑在词语计算中起中心作用，反之亦然；从而，模糊逻辑可以近似地认为与词语计算等同"，所以，"模糊逻辑的主要内容是一种词语计算方法"④。（1995）

按照札德的意见，广义模糊逻辑提供的是一种方法论，用

---

① Lotfi A. Zadeh. 模糊集与模糊信息粒理论. 阮达，黄崇福，编译. 北京：北京师范大学出版社，2000：44.
② L. A. Zadeh, The Birth and Evolution of Fuzzy Logic, International Journal of General Systems, 1989 (17).
③ L. A. Zadeh. Why the Success of Fuzzy Logic is not Paradoxical. IEEE Expert, 1994 (8).
④ 同①333.

以表达和分析那些近似而非精确的逻辑依存关系。这一方法论体现于五个关键概念：

（1）语言变量，以语词而非数字为值的变量；

（2）标准型，作用是把自然语言中的一个命题表示成对某个变量施加的一种弹性约束；

（3）模糊的"若……则……"规则及规则的量化，特别是概率量化和可能性量化；

（4）插值推理，在所需信息不完全的情况下进行推理的一种模式；

（5）模糊图，即卡氏粒的析取，实质是函数或关系的一种近似表达。

札德认为，通过使用基于上述概念的技术，模糊逻辑能够容纳不精确性和不确定性，在传统逻辑失败或只能获得平庸结果的地方取得成功。札德及其追随者有关模糊逻辑的探索和应用基本上是沿着这条思路进行的。

就以上五个概念看，模糊逻辑在逻辑学中最具创新性的是语言变量，它属于模糊逻辑中少数几个特有的逻辑范畴，精确逻辑中没有它的对应物。语言变量是模糊逻辑的核心概念之一，排除了语言变量概念的模糊逻辑，将蜕化为一种特殊的多值逻辑，刻画模糊性的能力极为有限。因此，本章将专辟一节讨论语言变量。模糊"若……则……"是对精确规则的推广，将在

四、模糊逻辑概述

模糊推理中有所讨论。在实际应用中，随着问题复杂性的增加，描述不精确性所需模糊规则数目极大地增多，甚至出现"规则数灾难"。插值推理与模糊规则结合使用，可以大大减少模糊规则的数量。模糊图是应用模糊规则于模糊控制的基本工具之一。但后两个概念主要是技术性的，逻辑意义较弱，本书不做专门讨论。

著名逻辑学家苏珊·哈克基于札德等人上世纪70年代的工作，对模糊逻辑做出基本否定的评价，认为"模糊逻辑是否避免了人为炮制的'精确性'，这还不清楚"，断言"人们不禁要怀疑，札德纲领带来的好处是很可疑的，而付出的代价却是高昂的"[1]。这显然言过其实。她在介绍模糊逻辑的产生时，特别指明"提出要制定含糊性逻辑这一最有影响的建议应归功于一位电力工程师札德"[2] 这一断言也反映出她的误解。札德之所以能够提出模糊逻辑，与他作为电力工程师的知识背景鲜有关联，有关联的倒是他作为系统科学家的经历。正是系统科学对解决复杂系统问题的强烈需要和丰厚的实践经验，使札德悟出对模糊性做逻辑分析的必要性和可能性。

应当承认，札德所说的广义模糊逻辑包含了许多非逻辑的即数学的和工程技术的内容，他关于模糊逻辑的工作始终是以

---

[1] 苏珊·哈克. 逻辑哲学. 罗毅, 译. 北京：商务印书馆, 2003：207.
[2] 同[1]203.

解决复杂系统的分析、预测和决策中如何描述和处理不精确性的问题为目的而展开的，对这些成果没有做过纯粹逻辑学的加工提炼，称为应用模糊逻辑或许更恰当些。这也是有些逻辑学家指责模糊逻辑不像逻辑的原因，他们的意见有某些合理因素。但逻辑学家的责任不是简单地否定模糊逻辑，而应当以札德等人的工作为基础，进行纯逻辑的加工，排除那些不必要的非逻辑成分，以求尽早建立模糊逻辑的理论体系。

4.3 说说语言变量

变量原为数学概念，表示一个量因时间、空间或条件的变化，可以在给定的数集合中取不同值，称为数值变量。人类生活须臾离不开数值变量。气象台每天发布气象信息，如气温、风力等，卫生部门有关非典型肺炎的新闻发布所公布的确诊病人数、疑似病人数等，都是数值变量。力学、物理学、化学、经济学、系统科学等，都是关于变量的科学。数理逻辑推广变量概念，引进逻辑变元概念，以不同的逻辑常项为值。所谓精确化，特别是精确逻辑、精确数学和精确科学的成功，离开变量概念是不可想象的。

人们在用自然语言（指各民族祖先创造并且至今一直使用的语言，如汉语、英语、俄语、阿拉伯语等，而数学语言、工程语言、计算机语言等称为人工语言）表达一定思想时，同一意思常常可以选择不同的语词，以表达某些程度上的区别。妈妈问恋爱中的女儿："你爱他吗？"女儿可能回答"说不上"，或"有点爱"，或"爱"，或"非常爱"，甚至"爱得死去活来"等。用人单位在考察一名应聘者之后，对他或她的评价可能是：十分出色、优秀、良好、可用、不合格、很差等。人们在口头交谈或文学作品中常常评价女人容貌，对不同女人赋予不同评语，虽然不给出具体数值，却能区分不同的等级、程度。《红楼梦》写贾雨村从甄士隐的书房窗户外望，偶然看到丫头娇杏，立即对她的容貌做出评价："虽无十分姿色，却也有动人之处。""十分姿色"和"有动人之处"代表女人容貌的两种不同的等级程度。与数值变量相比，这里也呈现出某种类似的模式：要表达的内容可以看成变量，所选择的语词可以看成该变量所取的值，不同语词表示在具有某种属性方面的等级程度以至品位上的差异，其中也包含某种量的差异。与数值变量相比，用语言变量刻画对象的特点是不精确的，但很实用、有效，在人脑思维中出现得更广泛，作用更基本。人脑在绝大多数情况下都使用这种方式近似描述事物，做出断定，进行推论，足以解决日常生活中的问题。

基于这种情况，模糊逻辑提出语言变量概念。所谓语言变量，是以自然语言或人工语言中的词语而不是以数字为其值的变量。年纪、身高、健康、容貌、聪明、民主、自由、科学、诚实、善良、狡猾等都是语言变量。本书只涉及以自然语言的语词为值的语言变量。

表征一个语言变量需要五个要素：变量的名称 X，X 的语言值集合（或称辞集）T(X)，论域 U，句法规则 G(X)，语义规则 M(X)。每个语言变量都有自己特有的语言值集合。确定辞集，即全体语言值构成的集合 T，是描述语言变量的重要一环。例如："年纪"作为语言变量，它的语言值集合为：

$$T(年纪)=年轻＋非常年轻＋不非常年轻＋非常非常年轻$$
$$＋\cdots＋老＋不老＋有点老＋不非常老＋\cdots$$
$$＋不非常老也不非常年轻＋\cdots＋中年$$
$$＋非中年＋不老也不是中年＋\cdots＋很老$$
$$＋非常非常老＋\cdots \qquad (4.1)$$

"容貌"作为语言变量，它的语言值集合为：

$$T(容貌)=美丽＋漂亮＋俊俏＋标致＋有几分姿色$$
$$＋相当漂亮＋非常美丽＋非常非常标致$$
$$＋不是非常漂亮也不是非常不漂亮$$
$$＋有点丑＋比较丑＋相当丑＋很丑＋\cdots$$
$$(4.2)$$

"语言概率"即"事件发生的可能性"作为语言变量，它的语言值集合为：

$$T(概率)= 极不可能+不可能+不太可能+有点可能$$
$$+\cdots+相当可能+非常可能+非常非常可能$$
$$+\cdots \tag{4.3}$$

鉴于自然语言的模糊性，同一语言变量的语言值有不同取法，因待表达的问题和表达者的个性、学养、风格等的不同而不同，故辞集原则上是无穷集，语言值的选择有较强的主观因素。语言值的这种不确定性，为人与人的交往提供了很大灵活性，为文学创作更加丰富、生动、更好地反映作者对生活的个性化体验提供了无尽的可能性空间。

可以把语言变量粗略地划分为两类。第一类语言变量存在能够精确计量的数值变量，称为基础变量。年纪作为语言变量，年龄 a（0，1，2，…，99，100，…）（岁）是它的基础变量。以人的"个子"作为语言变量，身高 h 是它的基础变量，在 [0.1，3]（米）范围内取值。这类变量可以精确计量。第二类语言变量指那些没有基础变量的语言变量，如容貌、健康、民主、聪明等，虽然也有等级程度的不同，却不存在可以精确计量的基础变量。人类使用的语言变量无穷无尽，其中，绝大多数属于第二类。也可以说，第一类语言变量是一维的，比较简单；第二类语言变量是多维的，相当复杂，一般都难以量化。但在有些情况下可以用人工定义的基础变量使其量化。人脑思维能力的强弱大小原本无法直接度量，现在提出智商概念，制定测试智商的方法，在一定程度上能反映智力差别，用它做基础变量，可以把愚笨、不聪明、聪明、比较聪明、非常聪明等语言值用模糊集合做近似的定量描述。现代科学技术，能够使越来越多的第二类语言变量定义在一定程度上可以测试、计量的基础变量。

语言变量 X 的句法规则 G(X)，其功能是分析辞集 T(X) 中语言值的结构，即语言值的产生规则，将在下一章讨论。语言变量 X 的语义规则 M(X)，其功能是阐释语言值的含义，即语义。在模糊集合论基础上，模糊逻辑把 M(X) 定量化，一个语言值的语义对应一个模糊集合。特别是对于第一类语言变量，以基础变量的可能取值范围为论域，把各个语言值定义为论域上的模糊集合，能够相当有效地刻画语言值的模糊语义。

考虑语言变量"年纪"，论域是基础变量"年龄"，记作 a，它的可能取值范围通常为 0 岁至 100 岁，即 U＝[0，100]（岁），语言值年轻、年老、不年轻、有点老但不很老、很老等都是 U 上的模糊集合。从语言变量和语言方法的应用角度看，这些模糊集合都是施加在基础变量 a 上的模糊约束，它给基础变量的每个数值（如 a＝15，20，32，40 等）规定一个数 μ，且 $0 \leqslant \mu \leqslant 1$，$\mu$ 表示数值 a 与语言值（如年轻）的一致性（相容性、符合性）程度。例如，对于语言值"年轻"，记作 H，20 岁的一致性程度为 1.0，28 岁的一致性程度为 0.7，35 岁的一致性程度为 0.2，等等。这样确定的模糊约束，是以 U 为定义域的一个实函数 μ_H，称为语言值 H 的一致性函数，也就是模糊集合 H 的隶属函数。下图按曲线形式给出三个语言值年轻、非常年轻和不年轻的一致性函数：

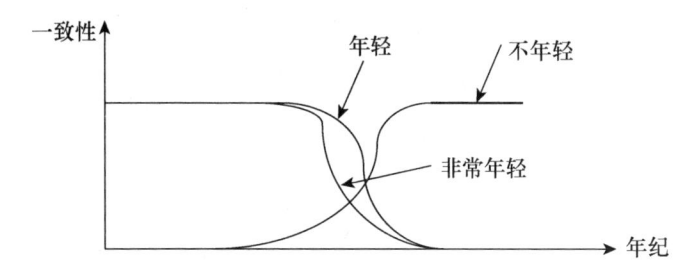

图 4.1　语言值年轻、非常年轻和不年轻的一致性函数

下图给出语言变量"年纪"的体系结构：

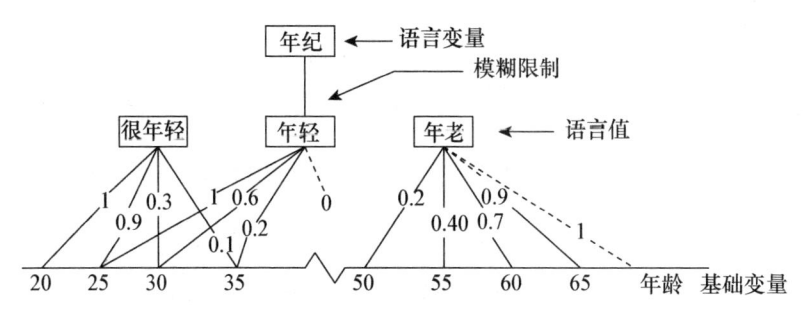

图 4.2　语言变量的体系结构

比较数值变量和语言变量，有助于深入了解精确逻辑与模糊逻辑的差别。我们就二维对象来讨论。在状态平面上，数值变量的一个值代表平面上的一个点，语言变量的一个语言值可以比喻为平面上的一个边界模糊的球场，点是单一的、确定的，球场是无穷集,边界具有不确定性。(一维系统的语言值是边界不确定的模糊线段,三维系统的语言值是边界不确定的立体,而数值变量的值都是确定的点。)在模糊逻辑乃至整个模糊学中,这种模糊球场(或模糊线段、模糊立体)而非精确定义的点的观念是非常重要的,语言变量能够作为一种近似表达方法,去表达那些由于太复杂或定义不完善而无法用精确术语描述的对象,靠的就是这种观念。你第一次认识一个名叫林松涛的人,只看一眼即可有把握地说"林松涛相当年轻",专门调查后才能说"林松涛 26 岁",前者相当于一个边界模糊的线段,后者则是一个精确的点。说"林松涛相当年轻"固然比说"林松涛 26 岁"少些精确性,但做出断定的代价要小些,适用的范围要大些,即使他实际是 29 岁,此一说法也可信。

模糊逻辑至少涉及三类变量:数值变量、模糊变量和语言变量。基础变量是数值的,语言变量是非数值的,用模糊集合来描述的语言值是介于二者之间的模糊变量,一个语言值就是一个模糊变量,它给出(非数值的)元素与(数值的)隶属度之间的对应关系。

4.4 人脑使用的模糊逻辑

罗素在论述模糊性时,曾经辛辣地批评精确逻辑不适合于人世间的生活。他的意思是说,在数理逻辑之外,还应当制定一种适合于充满模糊性的人世生活的逻辑理论。罗素的批评也适用于当前模糊逻辑的发展状况，特别是沿符号化、形式化、精确化方向。这种形式化的模糊逻辑确有必要，但并非模糊逻辑的主体，更不是模糊逻辑的全部。由于太过精确，与现实世界固有的不精确性的差距太大，它的适用范围受到很大限制：可以应用于某些依赖数字计算机来解决的问题，如简单的专家系统等。但对于了解人们在日常工作和生活中如何应用模糊逻辑，没有多大帮助，人脑不会使用它来处理模糊信息。罗素的重要思想至今未引起逻辑学界的注意，究其原因，在于逻辑学家的思想深处仍然存在"精确性崇拜"，看不起没有给出形式化处理的逻辑著述，认为这样的工作远离逻辑学的前沿。这种思想不利于模糊逻辑的发展。

仔细研读札德最初论及模糊逻辑的文章可以发现，他最关注的是人脑思维如何运用逻辑去对付模糊性，一再强调人脑使用的是模糊逻辑，它在性质上不同于计算机使用的逻辑，提倡应根据人脑思维的特点来研究模糊逻辑。特别是1984年那次答记者问，反复比较人脑的思维方式与计算机的工作方式（有人戏称为电脑的思维方式），揭示二者在本质上的差别，提出许多新颖而深刻的逻辑思想，有待后人发掘。

综合罗素和札德的观点，进一步拓展思路，似可断言：对模糊性的逻辑分析有三条基本途径，对应着三种不同层次的模糊逻辑。

(1) 在扎德模糊集合论基础上为在现有数字计算机上处理模糊信息服务的模糊逻辑。现在的计算机,不论硬件还是软件,都是基于精确逻辑特别是二值逻辑设计的,本质上与模糊信息不协调。但并非说面对模糊信息时这种计算机完全无能为力。利用模糊逻辑提供的方法,通过适当编制程序,许多模糊信息是可以在现有计算机上处理的。目前学术界关于模糊逻辑的研究,包括扎德自己的大多数工作,以及第十章介绍的模糊逻辑的应用,几乎都属于这方面的内容。

(2) 研制专门为处理模糊信息而设计的新型计算机所需要的模糊逻辑。现有计算机的硬件是机械的或物理的系统,只能接受和处理可以用数码 0 和 1 表示的离散信息,这是其局限性的根本所在,且降低了计算机的计算容量和使用效率,显得不够经济。正在尝试研制的新型计算机,如化学计算机、生物计算机、量子计算机、模糊计算机等,硬件的工作原理和运行机制必定与现行计算机有某些重要不同,可能具有更少的机械性和更多的有机性,所用软件和模糊信息可以有更多的协调性,能够更有效地表达模糊信息。为这类计算机建立的模糊逻辑,应该比前一种模糊逻辑更有效地反映模糊事物的逻辑特性和逻辑关系。但目前这只是扎德的一种设想,具体研究尚未真正起步。

（3）人脑使用的模糊逻辑。思维是人脑对感性信息加工处理的运作过程（包括对理性信息的再加工），运作的结果是形成概念或意象，组成判断或形象，进而再做出论证或描述。电脑用的形式化模糊逻辑属于人工智能需要的模糊逻辑，不是人脑使用的模糊逻辑。如札德所说："人脑以一种我们现在还不是很清楚的方式利用模糊逻辑。"[①] 承认这一点，意味着承认模糊逻辑研究的核心任务是发现人脑应用模糊逻辑的一般规律、原理和方法，建立相应的理论框架。我们现在对这种模糊逻辑所知甚少，只能做一点极为一般的讨论。不过，有一点可以肯定，人脑是以一种非形式化的方式应用模糊逻辑，其哲学基础是辩证法。

可以把待处理的信息粗略地分为两类。一类信息是非模糊信息，如天安门广场的面积、三峡库区的最大蓄水量、2003年美军被伊拉克反抗者打死的人数，等等。其特点是不同信息的界限分明，互不隐含，人脑能够对付，电脑更善于处理。另一类是模糊信息，特点是不同信息之间相互隐含，你中有我，我中有你。面对这种信息，现在的电脑一筹莫展，人脑却游刃有余。人脑胜于电脑的根本优势，正在于人脑能够接受并有效地处理各种模糊信息，把握那些相互包含、相互渗透的差异和对

[①] 《ACM通讯》编辑部. 如何处理现实世界中的不精确性——L. A. Zadeh教授访问记. 廖群，译. 模糊数学，1984（12）.

立。不妨看几个简单例子。

天寒和天暖是两种相反的天气状况,但都是模糊信息,寒中有暖,暖中有寒。电脑无法刻画这种相互包含的模糊信息,人脑却极善于把握它。女词人李清照对个中妙理深有体悟,直抒胸臆,发出"乍暖还寒时候,最难将息!"的咏叹。我们这些红尘中的芸芸众生,人人都有类似体味,只是缺少易安居士那样的文学表达能力,有感受却说不出来。

爱与恨是两种对立的情感信息,但爱中隐含着恨,恨中隐含着爱,界限十分模糊。人脑思维把握了这种特点,父母才会对不争气的子女产生恨铁不成钢的不满情绪,女青年才会对表现不佳的恋人发出"我恨死你!"的表白。女孩子的这种信息处理本领是无师自通的,让电脑学会却不可能。

人的老与不老、年轻与年老也是两种相互隐含的模糊信息,女人的风韵更是无法定义的东西,风韵与年龄的关系极为复杂。经过中华民族集体思维的长期加工,终于形成"徐娘半老,风韵犹存"的成语,它的能指和所指相当微妙,相当模糊,若能恰当使用,可以使描述显得自然、生动、风趣,远胜于长篇大论的精确表述。

人脑在进行这类思维活动时无疑要应用逻辑,但绝不是精确逻辑,只能是模糊逻辑。应当说,上述第三种才是模糊逻辑的核心部分,其他的属于模糊逻辑的边缘地段。现已提出的模糊逻辑仍然显得太机械,难以满足人工智能的要求。为开辟人工智能的新途径、新方向提供理论依据,是弄清人脑如何使用模糊逻辑的目标之一。

对概念、判断、推理和论证进行逻辑分析,构成传统逻辑的四大块。本书关心的是对传统逻辑进行模糊化改造和拓展。下面将分章对传统的概念论、判断论、推理论和论证理论进行模糊化改造,形成模糊概念论、模糊判断论、模糊推理论和模糊论证理论,作者称之为非形式化的模糊逻辑。

4.5 务必学好模糊语言

逻辑和语言的关系极其密切。运用语言进行思考或表达思考的结果,或者与他人交流,甚至写诗填词,都要遵循一定的章法。尽管为文写诗的章法并非就是逻辑,但有章法就有逻辑,遣词造句、谋篇布局的章法中必定包含逻辑。反过来说,语言文字(包括所谓内部语言)是逻辑的载体,不存在离开语言文字的逻辑,无须借助语言而进行的思维属于非逻辑的意会思维。

各种自然语言都有模糊性,消除一切模糊性就等于废除自然语言。在比较的意义上说,不同民族的自然语言的模糊性在程度和表现形式上有所不同。西方语言的模糊性弱于东方语言,拼音文字的模糊性弱于象形文字,模糊性最强烈的可能是汉语。自然语言的模糊性表现在语言的各个环节中,包括语音、语义、语法和语用诸方面。方音都有模糊性。典型的唐山方音与典型的天津方音不难区分。但是，如果你从唐山出发步行到天津，就会发现这两种方音界限是模糊的，唐山话与天津话之间不存在明确的地理分界。相声这种中国人普遍喜爱的文艺形式，一般都用普通话表演。但相声演员在演出中间或穿插一些地方语音，比如唐山方音或天津方音，往往能够达到单纯用普通话无法得到的艺术效果。

自然语言的语义大都是模糊的。随便分析一个句子，如"我看了很多文艺作品"，除了"我"字，其他词汇的语义都是模糊的。"文艺作品"是个模糊概念，话剧《雷雨》，京剧《沙家浜》，芭蕾舞《天鹅湖》，电影《小兵张嘎》，小说《红与黑》，对文艺作品的隶属度为1；但文采飞扬的科学家评传，街头剧，"文革"期间常见的"三句半"，老人为哄小孩子编的故事，不能完全算作文艺作品，也不能说它完全不是文艺作品。"很多"是模糊逻辑常用的模糊量词，将在下章专门讨论。"看了"也有模糊性，在书摊上翻翻降价出售的《牡丹亭》，不能算"看了"《牡丹亭》，但和从未见过该书的人比，又可以说"看了"，其隶属度大于0、远小于1。你有幸弄到一张北京人艺演出《茶馆》的票，如果因事迟到或早退，错过其中某一部分，就不能算百分之百地"看了"话剧《茶馆》；如果你未亲临现场，仅仅听了录音，那又如何？考虑到人的"通感"，再加上你对那些著名演

四、模糊逻辑概述

员的了解，在听的过程中常会联想到她或他以往的表演，头脑中可能浮现出种种动作、形态，仿佛亲眼看到似的，也不能说对"看了"的隶属度为 0。总之，这些都不属于是或否的问题，而是程度型问题，都具有模糊性。综合起来，使"我看了很多文艺作品"这句话具有强烈的语义模糊性。这种情形在自然语言的运用中极为普遍。

说话和写文章要求符合语法，包括词法、句法和章法。是否合乎语法是个程度问题，具有模糊性，凡是能被读者理解的语言表达，至少在一定程度上符合语法。何况，诗有诗的特殊语法，理论文章中不允许的语法错误，如缺少必要的成分、语序倒置等，在诗歌中不仅允许，而且常常是必需的，对于创造优美的意境有时起着至关重要的作用。唐代诗人温庭筠的五律《商山早行》中有"鸡声茅店月，人迹板桥霜"的句子，十个字五组名词并列，排成两串，没有动词即谓语，在文章家看来近乎不通，就诗词创作看则是千古名句，极富诗意。如果按照文章语法改写，就没有任何诗意了。笔者最初读王勃的五律《送杜少府之任蜀州》时，颇感难懂。"城阙辅三秦，风烟望五津。"按照主、谓、宾的结构，第一句似乎好理解，"辅"即辅以（拱卫)，但第二句就无法理解："风烟"为主语，"望"为谓语，"五津"为宾语，风烟怎么会望五津呢？很不以为然。读久了才明白，问题出在自己不懂诗法的模糊性，按照文章的语法结构去套古典诗词。恰如林黛玉所批评的那样:"不悔自家无见识,却将丑语诋他人。"

进入 20 世纪后,随着精确逻辑和精确科学的巨大发展,许多著名逻辑学家(如弗雷格)和语言学家(如索绪尔)曾经设想,创造一种没有任何模糊性的语言,以保证人的思维和人际对话完全精确化。用计算机语言取代自然语言的尝试,乃是这种思想的表现。但他们的努力都以失败告终。原因何在?我们以日本模糊工程学家寺野寿郎举过的例子为基础,改用中国人的名字,编个故事给你听听。孟繁盛在同孔祥慧的接触中渐生爱意,且日趋强烈,据小孟自己的感觉,孔小姐对他也不错,至少没有反感。某日,他决心向小孔表明爱意,便请她喝咖啡。他们来到咖啡厅,选一个僻静处坐下,要了两杯咖啡,边喝边聊。如果使用模糊的日常语言,小孟只需在适当时机以适当语气说出"我爱你"三个字即可。但小孟是个电脑迷,颇有点"精确性崇拜",面对自己的终身大事,为表示郑重和显示精确,决定用电脑语言表达。电脑语言都是用符号 0 和 1 编成的数字串,为避免出现歧义,多义词在不同场合需用不同的数字串表示,因而电脑的词汇(数字串)量异常巨大。假定 0010 代表"我",1101 代表"你","爱"字的符号表示非常长,开头是 1 和 0 交替出现一百次,接着是 15 013 个 0,最后一个符号是 1,整个字长有 15 222 位之多,101 代表"再见"。令孟繁盛伤心的是，正当他字正腔圆地念着数字，或许还不到 100 个字符时，已经喝完咖啡的孔祥慧站了起来，不耐烦地念了声"101"，便头也不回地离席而去，而呆坐在那里的傻小子孟繁盛竟然不知道小孔为什么如此绝情。瞧，不尊重自然语言的模糊性有时会坏大事的！

当然，模糊逻辑研究与模糊语言研究是既相互依赖又相互促进的，模糊逻辑为描述自然语言的语义提供了一个颇具灵活性和表达能力的自然的系统结构。

4.6 语言方法的复兴

用自然语言表达思想，描述事物，交流信息，被札德称为语言方法。在实现精确化以前，逻辑学的概念、原理、规律、规则都是用自然语言表达的，语言方法是基本方法。由于模糊性是自然语言的基本特征之一，语言方法的运用使传统逻辑无法摆脱模糊性。精确化运动使逻辑和自然语言分离开来，没有模糊性的人工符号语言成为逻辑学的标准语言，数学方法、形式化方法被视为逻辑学基本的甚至唯一科学的方法，语言方法被淘汰了。但模糊逻辑的研究证明，精确逻辑只适用于那些基本概念能够明确定义、基本特性可以精确计量的问题，对于那些广泛存在但基本概念无法明确定义、基本特性无法精确计量的复杂现实问题，建立在自然语言基础上的语言方法是唯一能够使用的方法。如札德所说，模糊逻辑乃至整个模糊学的建立都依赖于引入语言方法，欲了解模糊逻辑的真谛，必须了解语言方法。

现代科学极大地发展了定量化描述方法，其基础和前提是度量单位这一基本概念，那些存在客观度量单位的量才能测量和计算，进行定量分析。传统数学方法对于处理机械系统的威力，来自像长度、面积、重量、电流、热量等参数都存在计量单位，可以精确测量计算。人文系统一般不存在这种单位，因而难以做定量化处理，只能靠语言方法去对付。语言方法主要是一种定性方法，用以描述那些不存在度量单位的复杂事物，但它们也具有量的规定性，语言方法应当也能够以某种方式在一定程度上描述这类量的特性，如选择小一点、大一点等用词，也是一种计算。政治家把握政策界限、拿捏政治举措的分寸，演员把握表演的准确度，炼钢工人或厨师把握火候，等等，使用的主要是语言方法，其中包括模糊计算。但人脑用语言方法把握这种定量特性的机理十分复杂，从未被作为科学问题考察过，被视为只有靠思维艺术和语言艺术才能把握的东西（如图4.3上半部所示），颇有些神秘色彩。

在科技史上，札德第一次试图在科学意义上揭示这一机理，他的理论依据就是模糊集合论。札德发现："在语言方法中，与测量单位相当的作用是由一个或几个原始模糊集合来承担，别

四、模糊逻辑概述

的集合由它们加语言算子而形成。这些合成集合相当于测量单位的倍数。"他又指出:"语言方法的关键特征是必须用原始模糊集合来代替测量单位这个概念。"[1] 这一看法颇为新颖别致,仔细思索,又颇有道理,为进一步研究提供了很好的起点。

札德的主要兴趣不在于研究思维或认知,而在于发现语言方法中的逻辑,特别是探索如何把这种逻辑用于难以数值化描述的人文系统,力求发展成一种可以由计算机执行的技术。通过模糊学界的共同努力,作为一种现代科学技术方法的语言方法已初步形成,其基本原理如图 4.3 所示。其中,语言近似操作将在第七章的 7.5 节中介绍。在人脑思维中,从作为前提的语言值向作为结论的语言值的过渡(转化)主要是凭借思维主体掌握的思维艺术和语言艺术来完成,其机理目前所知甚少,主要靠人的悟性来掌握(图 4.3 虚线所示通道)。在作为科学技术的语言方法中,要把作为前提的语言值表示(定义)为模糊集合,通过模糊集合运算,转变成作为结论的模糊集合,再经过语言近似而得到作为结论的语言值。这种操作,人脑可以执行,电脑更善于执行。

语言变量和语言方法是内涵十分丰富的概念,包括语言近似、程度词的表示、非数值基础变量、模糊定理、语言概率分

---

[1] L. A. Zadeh. A Fuzzy-Algorithmic Approach to the Definition of Complex or Imprecise Concepts, Int. J. Man-Mach. Stud., 1976 (8).

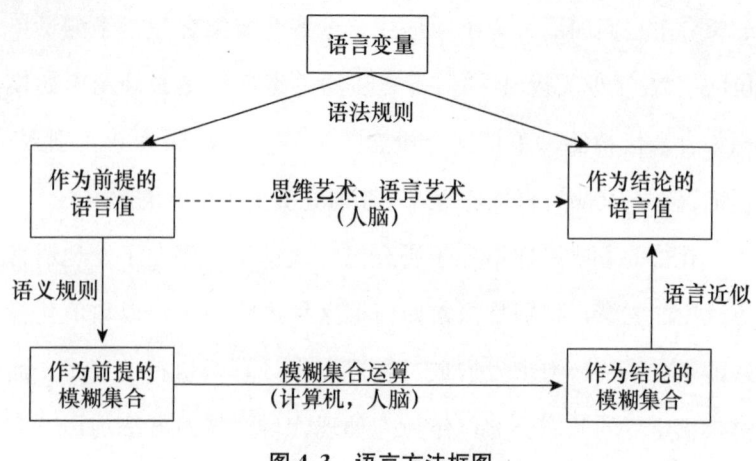

```
                    语言变量
                   ╱        ╲
              语法规则
         ╱                      ╲
   作为前提的     思维艺术、语言艺术    作为结论的
    语言值   - - - - -(人脑)- - - - -  语言值
       │                               ↑
    语义规则                         语言近似
       │                               │
   作为前提的      模糊集合运算       作为结论的
    模糊集合 ─────(计算机，人脑)────→ 模糊集合
```

图 4.3　语言方法框图

布、模糊流程图、词语计算等，亟待深入研究。

如何评价语言方法？札德认为："虽然语言方法还没有成为科学研究中流行的方法，但可以证明它确是朝正确方向上走出的一步，这个方向是减少对精确定量分析的先入为主的偏见，增加对大量人类思维和感知中不精确性的普遍性的认同。我们相信，接受这一现实而不是相反，我们对人文系统特性的了解有希望取得比局限在传统方法中可能得到更大的实际进展。"[1] 这个评价和预测很可能是正确的。

---

[1] Lotfi A. Zadeh. 模糊集与模糊信息粒理论. 阮达，黄崇福，编译. 北京：北京师范大学出版社，2000：227.

五、模糊概念

概念是抽象思维的细胞,是对思维对象进行抽象和概括的最基本的结果。抽象思维包括逻辑思维和非逻辑的直感思维,新概念、新判断的产生或者是逻辑思维的结果,或者是直感思维的结果。与直感思维不同,逻辑思维的每个环节都离不开概念,在一定程度上讲,逻辑思维就是概念思维。由于这一点,传统逻辑总是从概念论讲起。把模糊性引入逻辑学,也应当把模糊性引入概念论,首先对模糊概念做点逻辑分析。

5.1 概念的外延延伸到哪里
——什么是模糊概念

在传统逻辑中,内涵和外延被视为概念的两个基本逻辑特性，所有概念都是用内涵和外延刻画的。内涵揭示的是概念内在的本质规定性，即概念的质性标志；外延表现的是概念外在的延伸范围，是概念的一种数量标志。一个概念的外延就是它所概括的对象的全体，构成一个集合。这些认识中暗含一个前提：所有概念都存在可以明确划定的外延，可用一个精确集合表示，论域上的元素要么属于概念的外延，要么不属于它的外延。对模糊性的研究使人们认识到，这是一种误解，外延确定的只是精确概念，其外延在论域上延伸到哪里明确肯定，界限分明。例如，作为概念，"首都"的外延指世界所有国家政府所在地的城市构成的集合，包含北京、新德里、华盛顿等，不包含台北、大阪、圣彼得堡等；"主权国家"概念的外延指那些得到联合国承认的国家，朝鲜、东帝汶属于其外延，台湾、车臣、魁北克则不属于其外延；"偶数"概念的外延指一切可以用2整除的数构成的集合，包含0、4、28等，不包含1、7、33等。

但人们在生活、工作、科学研究和学术活动中使用的大量概念，如发展中国家、证据充分、十分优秀、近距离、高投入、小规模、馊点子、好心肠等，它们所概括的对象在论域上究竟延伸到哪里，无法明确划定。模糊集合论的建立使人明白，这类概念的外延是模糊集合，不可能划定明确的界限。我们将外延为模糊集合的概念称为模糊概念。如果把科学概念视为属概念，则模糊概念论断言，它包含两个种概念：精确概念和模糊概念。承认模糊概念也是科学概念，乃是逻辑学的一大进步，纠正了把模糊概念一概排除于科学概念之外这一长期习惯了的偏见，具有重要的逻辑的和科学的意义。

有一种观点把模糊概念划分为三类：内涵不确定而外延确定的概念，内涵确定而外延不确定的概念，内涵和外延都不确定的概念。这是一种误解。任何概念，外延明确也就限定或决定了其内涵的明确，外延模糊也就限定或决定了其内涵的不明确。因为作为概念外延的集合是按照对象的本质属性即概念内涵为聚类标准对论域划分的结果，外延为精确集合时，划分论域的标准必定是对象的非模糊属性，代表非模糊的内涵；外延为模糊集合时，划分论域的标准必定是对象的模糊属性，代表模糊的内涵。集合的形式化定义本身也表明，概念的内涵与外延是统一的：精确集合（3.2）中的 P(x) 表示对象 x 完全具有属性 P，属性 P 就是概念的内涵；模糊集合表达式（3.8）中分号下面的符号 u 代表外延，上面的符号 μ 反映内涵，其中至少有一个 $\mu_i < 1$，表现了内涵和外延的不确定性。

对照传统逻辑关于概念分类的论述，可以讨论模糊概念的分类：

（1）单独概念和普遍概念。单独概念大多为精确概念，但也有模糊单独概念，如晚明、清初等；模糊概念大多为普遍概念，前面提到的都是模糊普遍概念。

（2）正概念和负概念。同精确概念一样，模糊概念也可以通过加否定词"不""非""无"来形成负概念。加否定词不会改变概念的精确或模糊，精确概念的负概念还是精确概念，模糊概念的负概念还是模糊概念。

（3）集合概念和非集合概念。以事物集合体为反映对象的概念是集合概念，按照集合体是否具有模糊性而划分为两类。集合体为非模糊事物的是精确集合概念，如中国共产党、实数域等；群体为模糊事物的是模糊集合概念，如中国工人阶级作为集合概念具有模糊性，教师可以成立工会似应算作工人，但教师对工人阶级这个集合的隶属度应小于1，还有大批农民工对工人阶级也具有非零的隶属度，甚至公务员在某种程度上也算工人。类似地，非集合概念也有精确与模糊的划分，至于哪些是非集合精确概念，哪些是非集合模糊概念，请读者自己分析考察。

（4）性质概念和关系概念。可靠性、小康社会、复杂巨系统是模糊性质概念，相爱、远大于、近似相等是模糊关系概念。有些学者认为所有性质概念都是模糊概念，此说缺乏根据。数学的大多数性质概念，如偶数、可微函数、满秩矩阵等，都不是模糊概念。就是现在的模糊数学，它的基本概念，如模糊集合、模糊关系、模糊矩阵、截集等，本质上都是精确定义的概念。

五、模糊概念

（5）由于模糊集合分为正则的和非正则的两类，模糊概念也分为正则的和非正则的两类。这是模糊逻辑特有的概念分类。外延为正则模糊集合的是正则模糊概念，外延为非正则模糊集合的是非正则模糊概念。以模糊集合 $\underline{A}$ 记概念的外延，则满足

$$\mathrm{Ker}\underline{A} \neq \Phi (空集) \tag{5.1}$$

的是正则模糊概念；满足

$$\mathrm{Ker}\underline{A} = \Phi \tag{5.2}$$

的是非正则模糊概念。年轻、高个子、大国等都是正则模糊概念。通常讲的完人，有些文艺理论家所谓高、大、全的人物形象，是非正则模糊概念，因为现实生活中不存在它们所反映的对象。承认这一点，并不意味着简单地否定这种概念的现实意义。严格意义上的完人虽然不存在，但歌颂完人却是一种必要的宣传教育手段，因为人类有崇敬和向往完人这种积极向上的心理诉求。强令作家都要塑造高、大、全的人物形象，要不得；一概不许写高、大、全的人物形象，是另一种文论霸权。有一点高、大、全的人物形象还是必要的，如在书本里、舞台上或电视中看到的尽是各色各样的变态人物，品行低劣，言语粗鄙，行为乖张，装腔作势，一味宣传他们无异于制造和传播精神毒品。

随便打开一本传统逻辑的书，你很容易发现，这些强调精

确性的著作把大量的模糊概念当成精确概念来使用，如城市、工人、剥削、美、丑、好、坏等等。城市和城镇，城镇和集镇，其间没有明确的界限，在迅速实现现代化和城市化的今日中国，这一点尤其明显。但此类误解并未导致明显的逻辑困难，也从未受到逻辑学家的质疑，这多少有些令人费解。(5.1) 可以帮助我们解开谜团。绝大多数模糊概念都是正则型的，取模糊概念 $\underline{A}$，作为其外延的模糊集合 $\underline{A}$ 存在一个非空的核心 $Ker\underline{A}$，而且这个核心的规模往往相当大，甚至是无限集。逻辑学家在界定和分析这些概念时，或者读者在理解这些概念时，眼睛只盯着这个核心，不考虑存在模糊性的那个边缘部分 $Edg\underline{A}$，而只要限制在 $Ker\underline{A}$ 内，它们就是标准的精确概念，把 $Ker\underline{A}$ 作为精确概念处理不会出现逻辑毛病。

5.2 不要概念模糊，但要模糊概念

新概念在形成之初，人们对它的把握不可避免会有含混性。人在学习已有概念的初期，对它的理解也是肤浅的，难免有某些主观因素所造成的误解。这是人的理性认识的一个必经阶段。古诗云："潭州城郭在何处？东边一片青模糊。"（崔珏：《道林寺》）在认识发展的曲折过程中，特别是从感性认识飞跃到理性认识的初期，很像人的旅行过程，目的地潭州（古长沙）已经在望，相当于进入了理性认识阶段，但与目的地还有一段距离，

城郭在视野中还是一片青模糊,更谈不上了解城内情况。不论精确概念,还是模糊概念,认识处于这个阶段的人们所掌握的概念都带有某些主观因素造成的含混性。带有这种含混性的概念并非模糊逻辑所说的模糊概念,因为它是一种随着认识深入发展可以消除的模糊性,多少有些类似于工厂生产出尚未打磨毛刺的产品,称为"概念模糊"更恰当。老师批评学生,上级批评下级,专家批评外行,常常下"你概念模糊"的断语,说的就是这种情形。例如,哲学上的物质概念指一切独立于个人意识而存在的事物,包括社会制度、人与人的关系等,初学者往往把它理解成物理学讲的自然界的那些物质实体,就是一种概念模糊。因为这种模糊性不是物质概念的内涵固有的,而是初学者未能正确理解所造成的概念混淆。把模糊概念与概念模糊混为一谈,是人们长期拒绝接受模糊概念的重要认识根源。

长期以来,人们把模糊概念当成贬义词,以为科学的概念一定是可以精确定义的概念。这个事实表明人们对科学概念的理解还存在概念模糊。逻辑学家罗素和布莱克在《含混性》的标题下讨论模糊性,表明他们对模糊性和含混性的理解还存在概念模糊。科学家长期把模糊性误认为概率性的一种特殊表现形式,也表明他们对概率性和模糊性的理解存在概念模糊。只要存在认识活动,出现此类概念模糊就是不可避免的,但它不属于模糊逻辑概念论考察的范围。

概念模糊是必须而且能够消除的。模糊概念能否消除呢？人类可以完全不用模糊概念吗？在很长时间内人们都以为答案是肯定的。20世纪曾有某些逻辑学派试图消除模糊概念，把一切概念精确化，但他们的努力都以失败告终。模糊逻辑从理论上解释了他们失败的原因。我们把这一点留给读者思索，此处只做一些实际的考察。

首先，现实生活不能没有模糊概念。在日常生活中禁止使用模糊概念和模糊语词，人们将寸步难行。以颜色概念为例，不同颜色是人们对可见光的一种模糊划分，其间的区别在于光的波长或频率不同，而波长或频率是精确定义的科学概念。红、黄、绿、蓝、黑、白等是关于颜色的常用模糊概念，其外延都没有明确的边界。对这些颜色进一步细分，还可得到数不清的颜色类别。仅就红色而言，有深红、浅红、血红、大红、淡红、枣红、桃红等概念，界限十分模糊，但人凭经验不难区分。如果废弃这些概念，规定必须按照波长区分不同颜色，结果如何呢？假定妙龄女郎潘姗到北京当代商城挑选一件浅红色外套，凭借她对颜色模糊性的微妙掌握，原本很容易挑选出自己喜爱的颜色，既能体现她的个性，又符合时尚潮流。对女性来说，这几乎是无师自通的事。如果不许使用模糊概念，潘姗必须先学点光学原理和检测技术，才有资格逛商场、买衣服，这实在有些荒唐。即便做到这一点，由于淡红、桃红之类的划分颇为

五、模糊概念

微妙，按照波长来检测相当困难，她实际上很难选出自己满意的颜色，不许使用模糊概念真让潘姗姑娘在购物过程中寸步难行了。同理，商家也由此而不知道该如何经营。禁止使用模糊概念，人们在生活的每个方面都会遇到类似的荒唐局面。

其次，任何领域的实际工作都不能没有模糊概念，不能拒绝使用模糊概念；否则，在那里工作的人们将手足无措。如若不信，请你试一试。

重要的还在于，科学不能没有模糊概念。如果宣称一切模糊概念都是非科学概念，那么，现代科学的一大批概念将不得不被逐出科学体系，科学将不再能被称之为科学。特别地，人文社会科学大量使用模糊概念，经济学中的繁荣、萧条、衰退等，政治学中的民主、自由、清廉等，法律学中的守法、违法、严惩、认罪态度较好等，历史学中的初唐、中唐、盛世、衰世等，文学作品中的长篇小说、中篇小说、短篇小说、散文、小品等，哲学中的同一、对立、唯心论、唯物论等，都是模糊概念，它们的模糊性本质上不能消除；只是由于学术界长期独尊精确性，拒斥模糊性，人们习惯于把它们误作精确概念处理，变得麻木不仁了。有了模糊逻辑，人们可以理直气壮地把模糊概念当成一类科学概念来使用。

即使精确科学也不能一概不用模糊概念。生物学中的植物、动物、鸟类等概念都有模糊性，外延边界并不明确。数学是最讲精确性的，但无论大数学家还是一般数学教师，都不能完全不用模糊概念。邻域（指在某一点邻近足够小的区域）、大数、很大的数、很小的数、强非线性、弱非线性，等等，这类专业性很强的数学概念都有无法消除的模糊性，但数学研究者和应用者不能不使用它们。高阶方程也是模糊概念，二阶方程应该不算，三阶呢？有时算高阶，有时不算，其间不存在明确的界限。不允许数学老师使用诸如"这是一道难题""那个方法简便有效"之类模糊用语，必定行不通。假设你是数学大师，你要给听众作关于实数概念的通俗讲演，就不能不提及这样两个命题——"有无穷多个实数是有理数"和"有无穷多个实数是无理数"。它们都是精确的真命题，但不能反映有理数和无理数在数量上的巨大差别，听众在听了你的讲演后对这两个概念的掌握还很肤浅，很可能误认为既然二者都有无穷多个，似乎不相上下。这是你的讲演给听众造成的概念模糊。解决这个问题并不难，你可以用两个模糊命题加以说明：在全部实数中，只有一小部分是有理数，绝大部分都是无理数。对于一般听众来说，这也就算清楚了。如果要使听众对二者的差别究竟多大有一些直观的了解，还可以做如下的比喻：把有理数看成梨（数量很少），把无理数看成苹果（数量很多），统统装在一个口袋里，请读者伸手在口袋里随便抓一个（不许看），那么，他或她抓到梨的概率近似为 0，而抓到苹果的概率近似为 1。二者数量差别如此悬殊，定能给读者留下深刻印象。但这种比喻中所包含的模糊性显而易见。

以追求精确严谨而自豪自傲的逻辑学家能否做到不用模糊概念呢？可以肯定地说：办不到。姑且不说他们由于排斥模糊性而把大量逻辑问题排除在逻辑学之外，大大缩小了逻辑学的使用范围这一历史性失误；我们要"揭露"的是，从逻辑学著作或教材中很容易找出这样那样的模糊概念。从目前国内颇为流行的一些逻辑学著作中随便找一些提法做点考察，比如"数理逻辑是一个很大的概念"。什么叫"很大的概念"？能够给出明确的外延吗？作者回避了这个问题，因为他用的是一个典型的模糊概念。这并非作者不留神导致的误用，相反，作者懂得模糊概念的独特作用，有意使用这种模糊说法，以便引导读者体会数理逻辑的一个特点，一个只有加上模糊限制词"很大的"才能表达的特点。

你或许会反驳说，我所举的例子都选自一般逻辑学家的著作，他们不够严谨，不足为凭。那好，让我们看看世界级的逻辑学家又如何。卢卡西维茨是20世纪著名的逻辑学大家，他的《亚里士多德的三段论》是逻辑学的世界名著。在这本书的第一页上就可以看到"最近出版的""似乎""很古老""稍加修改""逻辑要点""较合于""稍前几行"等用语，它们都是模糊概念。如果做更细致的推敲还会发现，"要素""哲学著作""逍遥学派"也是模糊概念，因为它们的外延也不明确。试想，如果作者拒绝使用这些模糊概念，这一页的内容还能够用语言表达吗？

如果你认为卢氏的这本书仍然不具备代表性，应当考察现代数理逻辑，考察辞典之类著作，觉得那里绝不会使用模糊概念。那么可以肯定地说：你又错了。十多年前出版的大型辞书《数学辞海》，它的数理逻辑分册从主编到编委在国内有关领域都是一时之选，严谨性不容置疑。其中，"数理逻辑"这一词条（约 4 500 字）是这样破题的："数学的重要分支。它是用数学方法研究诸如推理的有效性、证明的真实性、数学的真理性和计算的能行性等逻辑问题的一门学科。因此，数理逻辑是一门逻辑化了的数学分科，又是一个数学化了的逻辑分支。"① 注意，"有效性"、"真实性"、"真理性"和"能行性"原本都是模糊概念，由于数理逻辑采取概括原则这样的公理，大大缩小了这些概念的适用范围，才把它们变成精确概念，但也大大限制了它们的适用范围。这些姑且存而不论。所谓"重要分支"是典型的模糊概念，因为重要或不重要都是程度问题。"逻辑化"和"数学化"也是模糊概念。汉语中具有"××化"结构的词很多，都表示一种变化过程，凡过程都是程度型事物，有明显的模糊性，变到什么程度才能称得上"化"，没有确定的标准。毛

---

① 何思谦. 数学辞海：第四卷. 太原：山西教育出版社，2002：39.

五、模糊概念

泽东的名言"'化'者，彻头彻尾彻里彻外之谓也"①，说得绝对了，是把精确逻辑用到典型模糊事物的结果。词条作者在破题中使用的这些概念的模糊性是绝对消除不了的，拒绝使用它们，破题将变得干瘪贫乏。如果把整个词条中的所有模糊语词都去掉，这个词条就很难撰写了。不信吗？那你试试看！

区分精确概念与模糊概念，把模糊概念当成模糊概念来对待，常常具有重大科学的、政治的或历史的意义。误把模糊概念当成精确概念对待，有时会造成重大认识错误，带来严重的理论和实际后果。我们来看以下几个例子。

在很长时期内，人们把马克思主义者神圣化，同时给不少人扣上修正主义帽子，犯了严重的教条主义错误。从认识论看，一个重要原因是把马克思主义者当成精确概念，忽视了它固有的模糊性。毛泽东早在1957年（比札德提出模糊集合概念早九年）就指出："其实有各种各样的马克思主义者：有百分之百的马克思主义者，有百分之九十的马克思主义者，有百分之八十的马克思主义者，有百分之七十的马克思主义者，有百分之六十的马克思主义者，有百分之五十的马克思主义者，有的人只有百分之十、百分之二十的马克思主义。"② 这一分析表明，毛泽东已经领悟到算不算马克思主义者是个程度问题，需要用隶

---

① 毛泽东著作选读：下册. 北京：人民出版社，1986：518.
② 毛泽东文集：第七卷. 北京：人民出版社，1999：331.

属度概念来把握，全部马克思主义者构成的是一个模糊集合。

国际社会主义运动在过去一百多年中的种种失误，特别是近三十多年发生的重大挫折，从认识根源看，与人们把社会主义与资本主义这对模糊概念当成精确概念有很大关系。社会主义和资本主义作为概念，分别记作 $\underline{S}$ 和 $\underline{C}$，在各自的核心部分 Ker$\underline{S}$ 和 Ker$\underline{C}$ 内明确肯定，彼此界限分明，不容混淆。但资本主义要长期生存并走向完善，必须吸收社会主义的许多主张，向工人阶级做出种种让步，这就使成熟的资本主义社会包含许多社会主义的特征。社会主义是在资本主义基础上产生出来的，只有充分继承和发扬资本主义在经济、政治、文化诸方面的优秀成果，才可能建成，这就使社会主义社会（特别是早期）包含许多资本主义的因素。作为一对矛盾概念，资本主义和社会主义在其边缘部分相互包容、相互渗透，你中有我、我中有你，不能划出截然分明的界限，这种特点具有历史的必然性。过分精确容易导致教条主义，是模糊逻辑给我们带来的重要政治启示。当然，过分强调模糊性，模糊了社会主义的本质规定性，也是不能容忍的。

科学与非科学也是模糊概念，其间没有绝对分明的界限。一些唯科学主义者，特别是少数理论自然科学家、科学哲学家，否认这种模糊性，凡是没有达到理论物理学那种精确化程度的工作，在他们眼里都算不上合格的科学工作，有的甚至被贬斥成伪科学而横遭鞭挞。这种态度不利于科学的发展，特别是在科学向复杂性进军的过程中。反对伪科学是必需的，但也应防止在反对伪科学的旗号下误将科学新思想当成伪科学。

5.3 什么是嬉皮士
——阐释模糊概念的逻辑方法

模糊概念不要求也不可能给出精确定义，但也有一个准确界定和准确理解的问题，有必要区分精确与准确、精确描述与准确描述。严格意义上的精确描述要求定量化和形式化，准确描述则无须这么要求。对于新出现的模糊概念，应不断加工提炼以消除那些由于认识过程不深入而产生的含混性，实现准确化，使之最终进入科学概念的行列，却不可强求实现精确化。对于已经确立的模糊概念，应力求消除各种概念的模糊和概念的含混，达到准确把握。唐代大文豪韩愈把"解惑"规定成为人师者的三项责任之一，其中包括帮助学生消除概念的模糊或含混。本节要说的是，如何准确理解学界已经确立的模糊概念。

传统逻辑从内涵和外延两方面明确概念，通过定义来明确内涵，通过划分来明确外延。这一点原则上也适用于模糊概念，但应做某些修正。精确概念的内涵和外延可以分开来单独考察，精确集合只能刻画概念的外延，揭示概念的质性标志时不必提及外延，表达概念的数量标志时不必提及内涵，只需给出对象集合。模糊集合则把内涵和外延结合在一起刻画概念。用模糊集合（3.8）表达某个模糊概念，内涵是某种模糊质性标志 $\underline{P}$，u_i 代表外延，μ_i 指示对象 u_i 具有内涵 $\underline{P}$ 的程度，如果不提及 μ_i，仅仅罗列出各个对象 u_i，那是没有任何意义的。精确方法是一种定量方法，模糊方法是一种定性与定量相结合的方法。

对于精确概念，划分出外延是明确概念的重要逻辑手段。对于模糊概念，划分外延的意义不大，重要的是划分论域，即确定概念的核心 Ker$\underline{A}$、边缘 Edg$\underline{A}$ 和外部 Ext$\underline{A}$。这三个区域的划分对于理解模糊概念有多方面的作用。（参见图 3.3）

传统逻辑局限于就属概念与种概念的关系来讨论外延的缩小或扩大。对于精确概念，外延扩大意味着内涵减少义项，外延缩小意味着内涵增加义项，义项无论减少还是增加，代表的质性标志始终是明确肯定的。这被称为内涵与外延的反变关系。模糊概念的特点是：随着概念 $\underline{A}$ 的外延从核心 Ker$\underline{A}$ 向边缘 Edg$\underline{A}$ 扩展，对象与内涵的符合程度在缩小，离开核心越远的对象符合程度越小，到达概念的外部 Ext$\underline{A}$ 后，对象就完全不具 $\underline{A}$ 的内涵了。随着外延的变化，精确概念将在某些关节点上突然发生义项的增或减，模糊概念则不存在这种突变，可能发生的变化只是具有内涵的程度在论域的不同部位取不同数值。

传统逻辑用以明确概念内涵的逻辑手段是下定义，提出了定义概念的种种方法，原则上都适用于模糊概念，即在核心部分 Ker$\underline{A}$ 按照精确概念定义 $\underline{A}$，在边缘部分 Edg$\underline{A}$ 把它作为模糊概念 $\underline{A}$ 来理解。

札德把模糊概念的定义方法归结为以下四种：

（1）字典式定义。例如，模糊概念"民主"可定义为：一种政体形式，其最高权力属于人民。

（2）写小短文阐释。如政治课常常用一节或一章的篇幅来回答什么是"民主"。

（3）用非模糊概念或易于理解的概念定义或逼近模糊概念。例如，把模糊概念"衰退"定义为：它是一种经济运行状态，特点之一是国民生产总值在两个季度内连续下降。

（4）现代社会生活中，包括科学技术问题，有许多本质上模糊的概念，如法学中的"精神病"等，系统理论中的"大规模""适应性"等，目前用非模糊概念逼近它们是不得已的做法。特别是那些复杂的复合模糊概念，很难按照单一义项用上述方法给出定义。札德基于语言方法，提出用模糊概念的算法定义来解决这类问题，至少在模糊逻辑的实际应用中已初步表明是有效的，值得注意。

以算法定义模糊概念的基本思想是：用更简单或更熟悉的模糊概念去界定一个更复杂的模糊概念，或者说，把一个较复杂的模糊集合分解为若干更简单的模糊集合的组合。其中一个重要环节是绘制模糊流程图。首先谈谈模糊概念的分解。复合模糊概念也可以按照义项分解，分为较小的分概念。例如，人们在描述物体的规模时，习惯于使用复合模糊概念"大"，它可以分解为长、宽、高三个模糊分概念，即

$$大 = 长且宽且高。 \tag{5.3}$$

设有如下问题：

$$Q \triangleq 某物 A 大吗？ \tag{5.4}$$

回答此问题，需要把它分解为三个分问题：

$$Q_1 \triangleq 某物 A 长吗？ \tag{5.5}$$

$$Q_2 \triangleq 某物 A 宽吗？ \tag{5.6}$$

$$Q_3 \triangleq 某物 A 高吗？ \tag{5.7}$$

其中，大、长、宽、高分别被解释为对应于 Q、Q_1、Q_2 及 Q_3 的模糊集合，容易给出 Q_1、Q_2 及 Q_3 各自的定义，再在模糊集合论意义下定义其交集，即可得到合成模糊概念"大"的定义。在模糊算法的表现和执行方面，为定义变量之间的关系，并给它们赋值，采用模糊流程图是很方便的。

札德曾以西方国家所谓嬉皮士为例，试图说明合成模糊概念的模糊算法定义的基本模式。嬉皮士是人类全体（论域）上的一个模糊集合，可用留长头发、光头、修面、不工作、吸毒等模糊集合下定义。公式表示为：

嬉皮士＝(长头发或光头或修面)且吸毒且不工作　　(5.8)

其模糊流程图为：

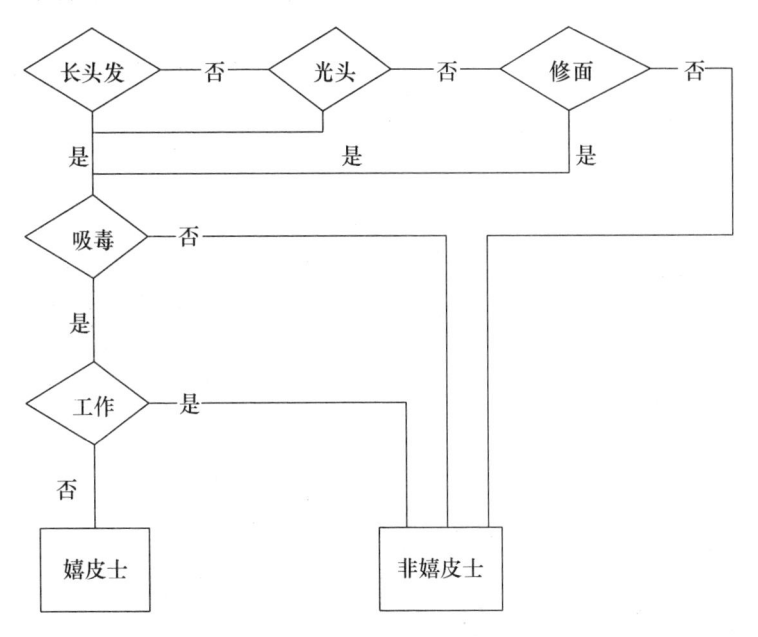

图 5.1　以模糊流程图表示的嬉皮士的算法定义

要点是：把被定义的概念分解为一组分概念，通过使用非常、极端、有点之类的程度词改善进入上述定义中的模糊集合，允许使用"是/μ"或"否/μ"之类的回答（μ 是一个数或一个语言真值）以调整定义，再辅以别的手段，就可以把定义做得相当完整，"完整到你可能要求的程度"（札德语）。

设问题是：x 是嬉皮士吗？假定三个支问题及相应的回答为：（1）x 留长头发吗？答："是。"（2）X 有工作吗？答：

"否。"(3) x 吸毒吗？答："是。"那么，赋予 x 的限制为：

$$R(x)=长头发 \cap 吸毒 \cap 不工作 \tag{5.9}$$

据此即可断定 x 是嬉皮士。

5.4 概念有无模糊性的"检验器"
——模糊语气算子

概念是用语词表达的，命题是用语句表达的，而语句是由语词构成的。考察模糊语词的构成，是研究模糊概念构成的必要手段。

自然语言的形容词中有大量模糊词，如大、小，高、低，远、近，快、慢，轻、重，深、浅，强、弱，等等，用它们做限制词（修饰词）都具有使主词模糊化的功能。一个概念（原词）不论是否模糊，用这类形容词作为限制词而形成的新概念一般都是模糊概念，具有限制词带来的独特模糊性。大姑娘、小媳妇、鬼丫头、倔老头、高消费、低浪费、强国、弱国、美言、善举、丑行、深层次、慢性病等，都因附加形容词而产生了特有的模糊性。但小布什政府、绿党、老儿子等，并未因加上小、绿、老而产生模糊性，因为它们在这里基本上失去原形容词的语义功能，附加上某种特殊语义，成为精确概念。

作为一类重要的形容词，颜色词都有强烈的模糊性。颜色是对可见光的模糊划分，可见光的波长为连续变量，波长

五、模糊概念

连续变化引起眼睛的不同感觉没有截然分明的界限,因而产生了模糊性。颜色词难以计数,用它们作为限制词是生成模糊概念的常见手段之一。红脸、黑发、金秋、绿色产品、灰色收入等,都因为用颜色词来限制而产生了特有的模糊性;再通过隐喻,可以生成红军、黑手、花心、绿色产品、黄色书刊之类的模糊概念。

大多数时间词有模糊性,黎明、早晨、上午、中午、下午、傍晚、黄昏、白天、黑夜、深夜等,都是对连续单向延伸的时间进行模糊划分所形成的模糊概念。有些时间词用作限制词,可以构成模糊概念。现代性与后现代性,现代社会与后现代社会,现代主义与后现代主义,现代思潮与后现代思潮,现代文化与后现代文化,这些当前很时髦的术语,都是模糊概念,时间词的加入有模糊化作用。

方位词一般也有模糊性,用之作为限制词也可以构成模糊概念。晋西北、东部沿海地区、东北亚、中亚、西南欧、东方文化与西方文化、左前方、右下角等,均为模糊概念。

这几类模糊词的综合使用,也能构成模糊概念,如远古、中古、近古,远东、中东、近东,浅蓝色、大红大紫,高远、浅近,等等。

以上主要是就概念的词语表达进行讨论的,更多地属于语言学范畴。如何从纯逻辑角度考察这类词语在模糊概念构成中的作用，有待逻辑学家分析研究，提出新的逻辑理论。

语言变量概念的引入，为逻辑地分析模糊概念的构成提供了适当工具。一个语言变量的语言值集合构成一个特殊的模糊概念系统，语言值都是模糊概念，其中有少数几个是原子概念（基本概念），其余为合成概念。以语言变量"年纪"为例，在它的语言值集合中，原子概念是年轻和年老，分别记作 $\underline{H}$ 和 $\underline{O}$，其余均为合成概念。同一语言变量的概念系统中，原子概念一般均为一个或两个，偶尔也可能有多个，如由语言变量颜色形成的模糊概念系统，原子概念为红、橙、黄、绿、青、蓝、紫，共七个，合成概念则难以计数。

由基本模糊概念构造合成模糊概念，由较简单的合成模糊概念构造较复杂的合成模糊概念，所用构造规则是模糊逻辑概念论的重要内容。构造合成概念的基本逻辑手段有三种：一是用否定词，前面已经谈到；二是用联结词，将在下一章讨论；三是附加限制词。传统逻辑不承认限制词的逻辑功能，非标准逻辑（模糊逻辑是它的一种形式）肯定了限制词的逻辑功能，并给以系统的分析研究。

在逻辑学发展史上，某些语词的特殊逻辑特征和逻辑功能的揭示，总会带来新的逻辑理论的问世。量词概念的提出，联结词、谓词和量词的形式化表示，导致数理逻辑的诞生。20世纪多种非标准逻辑的兴起，都跟发现副词的逻辑特征分不开。

五、模糊概念

模态逻辑起源于模态副词的研究，时态逻辑起源于时态副词的研究，概率逻辑起源于对程度副词"可能"的研究。模糊逻辑也是逻辑学沿着这条思路发展的结果。对于大部分谓词逻辑及其变种而言，"有点""相当""很""非常""极"之类语词的逻辑功能始终处于逻辑学视野之外，而且也是它们无法处理的。若从模糊性角度看，这类语词的逻辑特征是明显而重要的，因为在由一个语言变量代表的模糊概念系统中，用程度副词来限定已知的模糊概念，是产生合成模糊概念的重要手段。以"红"为原子概念，可以生成合成模糊概念非常红、相当红、有点红和不太红等。从语用逻辑的角度看，人们是否善于准确有力地表达意见、阐明思想，往往与他们能否科学地选择这类程度副词有关。实际上，三种手段常常结合使用，构成更复杂的复合模糊概念，如"有点老但不非常老""不太黑但也不怎么白"等。

微、很之类的程度副词在模糊逻辑中的重要作用，还有一种表现：凡是精确概念都不能用它们作为限制词来合成新概念，如很电子、很楼房、非常中国[①]、微首都等都不是概念；凡是模糊概念都可以用它们作为限制词来合成新概念，如微笑、微言、微妙、很坏、很美、很活（如课讲得很活）等。越是反映

[①] 汉语"非常事件""非常时期"中的"非常"已不是程度副词，"非"为否定词，"常"指常态或常规。

程度型问题的概念，越适合用这类限制词合成新概念。有些模糊概念加上这些限制词不合语言习惯，不被语言学认可，但在逻辑上是有意义的。例如，病是一个模糊概念，语言学不允许讲"很病"，但模糊逻辑允许有这种概念，意指"很多的病"或"很重的病"。所以，札德认为："一般地，可以通过检验简单的修饰词，比如'很'字在此概念上的可用性，去解答一个概念是否模糊的问题。"[1] 他举例子说，"很病"可以接受，但"很死"（"很死亡"）不能接受。这可能同英语的特点有关。实际上，汉语中的"死"字未必一定联系着"亡"，故"很死"有时也是可以接受的模糊概念，如话说得很死，他把孩子管得很死，计划经济的弊病之一是把企业管得很死，在语言和逻辑上都行得通。

数学运算或逻辑演算由三个要素构成：运算对象、算子和运算结果。我们熟悉的加、减、乘、除、乘方、开方、微分、积分等，都是算子。运算过程就是对象经过算子的作用而转化为结果的操作。用微分算子 d 作用于函数 x^n 上，得到它的导函数 nx^{n-1}，即 $dx^n = nx^{n-1}$。这是一元运算。算术加法为二元运算，算子符号为＋，作用于运算对象 2 和 3，得到运算结果 5，即 $2+3=5$。模糊逻辑发现，程度副词"微""稍许""有点"

---

[1] Lotfi A. Zadeh. 模糊集与模糊信息粒理论. 阮达，黄崇福，编译. 北京：北京师范大学出版社，2000：238.

五、模糊概念

"或多或少""相当""很""非常""非常非常""极"等,是一类重要的逻辑算子,以它们为限制词构造的合成模糊概念,能够调整或改变主词的模糊性,即语词意义的模糊性。札德称这些程度副词为模糊语言算子,其逻辑特征和功能只有在模糊逻辑中才能得到合理的说明。作为逻辑算子的程度副词有四种基本类型:

(1) 集中化算子。以很、挺、相当、非常、非常非常、极之类程度副词为算子,记作 h,作用于模糊概念(主词)$\underline{C}$,得到新的模糊概念:

$$\underline{T} = h\underline{C} \tag{5.10}$$

如挺好、很丑、非常非常大、极重等。算子 h 的功能在于增加主词的肯定程度。从模糊集合论看,论域 U 中的任一对象 x 对模糊集合 $h\underline{C}$ 的隶属度,总是小于或等于它对模糊集合 $\underline{C}$ 的隶属度,即

$$\mu_{h\underline{C}}(x) \leqslant \mu_{\underline{C}}(x) \tag{5.11}$$

例如,30 岁对很年轻的隶属度小于对年轻的隶属度,80 岁对非常非常老的隶属度小于对非常老的隶属度,巩萍对男朋友的满意程度小于很满意的程度,等等。加上"很"或"非常"意味着提高了衡量标准,就可能降低评分。这与人们的实际感受是一致的:很满意的对象必定是满意的,满意的对象未必很

满意；满意而不是很满意的事常有，很满意却不满意的事则无。图 5.2 表明，这类算子的作用在于使隶属函数向论域中央集中，使函数曲线变得细而高，在语言学上意味着加强主词的语气，故称为集中化算子。

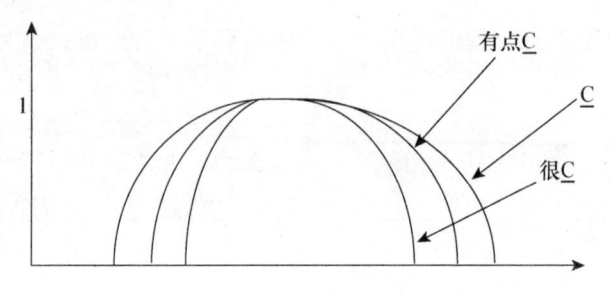

图 5.2 语气算子

为简化描述、便于运算计，札德约定：很＝非常＝h_2，极＝非常非常＝h_4。在此基础上，用模糊集合的幂乘运算做出如下规定：

$$(h_2 \underline{A})(x) = [\underline{A}(x)]^2 \tag{5.12}$$

即对象 x 对 $h_2 \underline{A}$（非常 $\underline{A}$）的隶属度是它对 $\underline{A}$ 的隶属度的平方：

$$(h_4 \underline{A})(x) = [\underline{A}(x)]^4 \tag{5.13}$$

即对象 x 对 $h_4 \underline{A}$（非常非常 $\underline{A}$）的隶属度是它对 $\underline{A}$ 的隶属度的四次方。

（2）散漫化算子。以程度副词微、稍、略、较、有点、或多或少等作为限制词的合成概念，也记作 h$\underline{C}$，如微黑、略瘦、较近、有点狡猾等，其形式化表示也是 T＝hC。它们作为逻辑算子的功能与集中化算子恰好相反，能使隶属度变大，减少对主词的肯定程度。从模糊集合论看，论域 U 中任一对象 x 对 hC 的隶属度，不会小于它对 C 的隶属度，即

$$\mu_{hC}(x) \geqslant \mu_{C}(x) \tag{5.14}$$

例如，对于同一件衣服，张艳萍有点喜欢的程度大于喜欢的程度；同一个人，称得上胖，就一定称得上微胖，反之不成立。图 5.2 表明，这类算子能使隶属函数的分布向论域的周边扩散，使曲线变得矮而胖，故称为散漫化算子。

为简化描述、便于运算计，札德约定：较＝有点＝$h_{1/2}$，微＝略＝$h_{1/4}$。在此基础上，用模糊集合的幂乘运算做出如下规定：

$$(h_{1/2}\underline{A})(x) = [\underline{A}(x)]^{1/2} \tag{5.15}$$

即对象 x 对 $h_{1/2}\underline{A}$（较 $\underline{A}$）的隶属度是它对 $\underline{A}$ 的隶属度的平方根。

$$(h_{1/4}\underline{A})(x) = [\underline{A}(x)]^{1/4} \tag{5.16}$$

即对象 x 对 $h_{1/4}\underline{A}$（微 $\underline{A}$）的隶属度是它对 $\underline{A}$ 的隶属度的四次方根。

集中化算子和散漫化算子统称为语气算子。

（3）模糊化算子。程度副词"大概""大约""几乎""近似于"也是一类算子，记作 f，f 作用于主词 C 构成合成词 fC，可以使非模糊概念 C 模糊化，变成模糊概念 fC，把绝对肯定变为一定程度上的肯定。例如，A 小于 B 是绝对化的判断，B 大概小于 D 就不是绝对化的判断，包含承认 B 未必一定小于 D。5 是一个精确数，以"近似于"为算子，得到模糊数"近似 5"。如果 C 是模糊概念，以 f 为算子也可以增加它的模糊性，fC 比 C 更模糊。例如，大概年轻比年轻更模糊。模糊化算子也可以定量描述，由于需要借助关系合成运算，较为复杂，此处不做介绍。

（4）判定化算子。程度副词"偏于""倾向于""多半是"等作为算子，功用在于削弱主词的模糊性，增加语义的肯定程度，对有关问题做出一种粗糙的判断，故称为判定化算子。如偏于年轻、多半是病人等。在模糊逻辑中，基于模糊集合论给判定化算子以定量化表示，其作用类似于对模糊集合取截集。例如，以 j_λ 为判定化算子，给模糊概念 A 加上限制词"偏于"，得到合成概念 $j_\lambda A$（偏于 A），指的是由论域中所有对 A 的隶属度不小于 λ 的对象组成的精确集合，即

$$j_\lambda A = \{u | u \in U, \mu_A(u) \geqslant \lambda\} \qquad (5.17)$$

以 H 记模糊概念年轻，其隶属函数按（3.12）确定。取 $\lambda=1/2$ 代表"偏于"，则合成概念"偏于年轻"的集合表示为：

$$j_{1/2}\underline{H}=\{u\,|\,u\in U, \mu\underline{H}(u)\geqslant 1/2\} \qquad (5.18)$$

按（3.12）计算，不大于30岁的人都偏于年轻，相当于 $\underline{H}$ 的截集 $\underline{H}_{0.5}$。

大、小，多、少，轻、重，长、短，深、浅，等等，这类形容词作为限制词也有使主词模糊化的功能，可以对那些义项中本来没有数量含义的概念从某个数量特征上给以更细致也更模糊的区分。"孩子"已有模糊性，"大孩子""小孩子"对孩子又加以区分，更显得模糊。小说概念的义项中没有对篇幅长短这种数量特性的规定，用长、中、短修饰它，形成关于小说的长篇、中篇和短篇的分类，都是模糊概念，进而还有"小小说"的模糊概念。这类形容词在构造模糊概念中的逻辑功能，尚待研究。

5.5 什么是狗
——人脑如何掌握模糊概念

控制论、信息论特别是电子计算机和人工智能的研究，引出了对人脑与电脑的比较研究，研究人员发现，善于掌握模糊概念是人脑的特点和优点之一。控制论创立者维纳和计算机之父诺伊曼对此都有论述。人工智能学者和模糊数学家曾就母亲如何教孩子认识狗进行考察，生动地说明人脑如何掌握模糊概念。

按照数理逻辑原理，有一个概念，就有一个相应的对象集合。例如，有狗的概念，就有由全部狗组成的集合。界定这个概念的途径无非两条：一是把狗的特征属性一一列举出来，如狗有四条腿，听觉和嗅觉特别灵敏，有黄、白、黑等不同颜色，等等，即揭示概念的内涵；二是把所有的狗都列举出来，即给出概念的外延。这是科学和学术著作使用的方法，也是电脑可以接受和处理概念的方法。

但母亲教孩子掌握狗这个概念的方法完全不同，她既不界定狗的内涵，也不把所有的狗领来给孩子看，只是找出少数实例，指出这是狗，那是猫而不是狗，等等，让孩子多看、多想、多比较，从狗的外在形象特征中提炼概念"狗"的内涵，什么是狗、什么不是狗就清楚了。我们每个人所掌握的概念中，有很多很多都是这样学会的。这是人脑思维的独特之处，电脑无论如何学不来。

人脑掌握每个概念都要经历一个不断深入、不断扩展的反复过程。孩子认识狗也如此，经过母亲多次列举实例后，孩子对自家生活区范围内的动物可以做基本准确的判别，什么是狗、什么不是狗。当母亲第一次带他到动物园看到狼时，他很可能把狼误认作狗，经母亲的指教辨别，他进一步学会区别狗与狼，对狗概念的理解深化了。但当他后来遇到公安局警犬队的大狼狗时，认识又会出现困惑，又需要深化对狗概念的理解。从模糊逻辑看，"狗"字表达的是一个模糊概念，狗的集合是一个模糊集合。母亲教孩子理解狗概念的方法，是人脑掌握模糊概念的通用方法。掌握模糊概念 A 是一个动态起伏的过程，先集中注意力于弄清什么是典型的 A（百分之百属于 A 的对象），什么肯定不是 A（百分之百不属于 A 的对象），暂时忽略那些介于二者之间的复杂情况；在对核心 $KerA$ 和外部 $ExtA$ 足够了解之后，再向 A 的边缘 $EdgA$ 推进，逐步了解那些非典型的即带有模糊性的情形，区分不同对象具有 A 的内涵的不同程度，最终达到全面而准确地理解模糊概念 A。这是一种容许认识存在片面性乃至错误，准备不断修正错误的过程，真实的人类认识运动就是这样进行的。

作为一种观念形态的存在，无论单个概念，还是概念体系，都处于不断演变发展中，既有从模糊到精确的演变，也有从精确到模糊的演变。这两种对立趋势同时存在，相互影响，使真实的概念演变呈现出丰富多彩的面貌。前面已经提及，无论精确概念，还是模糊概念，在产生之初都具有主观因素带来的含混性，消除这种含混性，使概念精确化或准确化，是概念演变的基本趋势。认知心理学实验表明，模糊概念 A 的典型对象（属于核心 $KerA$）和非典型对象（属于边缘 $EdgA$）是不同的，人识别前者的时间比识别后者要少一些。这表明，认识模糊性需要更高的认识能力。

人们在日常生活中使用的许多概念，古人已经给出精确的界定，但随着社会生活的日趋复杂化，它们的内涵和外延逐渐模糊化了。叔侄关系原本十分清晰，被称为叔叔的男人必须是同一家族、与父亲同辈、年龄小于父亲的人。但现代社会淡化（模糊化）了血缘关系，甚至淡化了年龄关系，父母往往要求孩子把自己的男同事、男邻居、男同学、男熟人等都称呼为叔叔，加上新中国的孩子把男性解放军官兵尊称为"解放军叔叔"的习俗，使得叔侄关系变得相当模糊。父亲最初只指生父，后来出现养父、义父、继父、教父、师父等概念，以及泛指的父辈，使"父"这个概念也变得模糊了。这表明，模糊化是社会复杂化的一种方式。

许多科学概念是通过类比而提出的，类比总会带来某些模糊性。研究复杂性的学者们更多地使用隐喻方法，和明喻相比，由隐喻得出的概念常有更多的模糊性。许多科学概念也在经历从精确到模糊的演变。如果你喜欢浏览报纸杂志，很可能发现一种令人困惑的现象：著名数学家声称他不知道数学是什么，著名物理学家声称他不知道物理学是什么，著名哲学家声称他不知道哲学是什么，几乎每个古老学科都有些权威人士声称他不知道自己搞的学科是什么。这并非他们故弄玄虚，或危言耸听；相反，恰恰是由于他们对某一学科研究得太深、太广，才体认到该学科没有明确的边界。所有用学科名称表示的概念都有模糊性,都是没有明确外延的模糊概念。数学物理、物理化学、生物物理,等等,正是由于学科边界固有的模糊性,才导致新的交叉科学或边缘科学不断涌现。这个事实从另一方面说明,人类不能没有模糊概念,精确概念模糊化是一种客观趋势。

六、模糊判断

无论认识还是实践，无论独自沉思还是与人交谈，人们都需要对思维对象做出断定，或者断定对象是否具有某种属性，或者断定若干对象之间是否具有某种关系。断定的结果是形成判断（或命题，本书不区分这两个术语）。经典逻辑的一个通行看法是，逻辑研究的中心是推理，研究概念和判断是为研究推理服务的。这种观点也影响到模糊逻辑，以至一些辞典把模糊逻辑定义为在"模糊子集理论基础上发展起来的一种推理理论"[1]，轻视对模糊概念和模糊判断的逻辑研究。本书作者认为，在一定意义上讲，逻辑学是研究断定的学问，核心问题是回答：什么是正确的断定，什么是错误的断定，如何得到正确判断

---

[1] 何思谦. 数学辞海：第四卷. 太原：山西教育出版社，2002：184.

（真命题），如何排除错误判断（假命题）。与其说研究判断是为了研究推理论证，不如说研究推理论证是为了研究判断，因为推理论证是获得真命题、排除假命题的逻辑思维的手段，而非思维的目的。精确逻辑如此，模糊逻辑也如此。模糊集合论、模糊概念论、模糊判断论，共同构成模糊推理的理论基础。事实上，模糊逻辑对逻辑思想的革新更多地体现在对模糊判断的逻辑分析上，只是至今尚缺乏系统的理论加工。

6.1 模糊判断
——模糊点才能留有余地

判断是以概念为要素构成的观念系统。把概念划分为精确概念与模糊概念两类，自然引出精确判断和模糊判断的划分。用精确概念构成的是精确判断，用模糊概念构成的是模糊判断。5是自然数，氢是可燃气体，李政道是美籍华人，都是精确判断。中国太空第一人杨利伟身体素质很棒，巴基斯坦是中国的友好国家，可靠性是一个难以精确定义的概念，100比10大得多，都是模糊判断。就连"判断是对思维对象有所断定的思维形式"这一基本逻辑命题，实际也是一个模糊命题，因为"有所"一词原本是一个模糊概念，"有所断定"理应包含不同程度的断定，可以是完全断定，或基本断定，或相当程度上断定，或部分断定，等等。精确逻辑对"有所断定"做了未曾言明的精确化诠释，给这个模糊用语强加上精确内涵，变成要么肯定、要么否定的绝对化断定，从而把大量行之有效的思维活动判定为不合逻辑。现在是还其本来面目，承认模糊判断的时候了。

逻辑学必须接受模糊判断，研究模糊判断，首先是因为人们无法避开或消除模糊判断。承认人类不能不使用模糊概念，自然要承认人类不能不使用模糊判断；承认模糊概念是一类科学概念，自然要承认模糊判断是一类科学判断。在社会实践的各个领域中，人们使用的模糊判断要比精确判断多得多，日常生活中尤其如此。我们熟悉的成语或格言，绝大多数都是模糊断定，拒绝使用它们将会带来多少不便，这是不难想象的。

人们在生存活动和相互交往中，不仅要求对事物或事件的断定清楚准确，即追求有效性，而且要求方便省事，即同时追求经济性，必须在有效性与便用性之间求得某种平衡。精确逻辑片面追求断定的有效性，模糊逻辑则主张在保证足够有效的前提下尽量使断定方便省事。札德称其为最小具体性原理，通俗地讲，够用即可。从古代到今天，模糊逻辑一直在有效地服务于人类，道理就在这里。

罗素曾指出："模糊认识可能比精确认识更真实，因为有更多潜在的事实能够证明模糊认识。"[1] 这是一个重要的逻辑学原

---

[1] 伯特兰·罗素. 论模糊性. 杨清，吴涌涛，译. 模糊系统与数学，1990，4(1).

六、模糊判断

则,得到大量事实的支持。预测"十天后天气将转暖的可能性多大",取数值概率 0.8,或取语言概率"相当大",哪种断定更好呢?考虑到中长期天气预报的实际困难,语言概率的回答显然比数值概率的回答要实际得多。从"神舟五号"发射前夕宇航员和人们告别的电视画面看,很容易得出"杨利伟是中等个"这一模糊判断,至少当他的身高在 1.65 米到 1.75 米范围内时,命题真值都近于 1。记者为了得出"杨利伟身高 1.68 米"这一精确判断,在采访中一定费了不少周折。如果要求更精确些,考虑到四舍五入,半毫米之差就会使它成为假命题。

父母教育孩子,尤其现在的孩子,有时也需要避免使用精确判断,改用模糊判断,给孩子留下自己思考反省的余地,把话说得太明确,往往适得其反。

一个人的思想是否成熟,常常从他对事物下判断的用语中表现出来。不成熟的人,尤其上中小学的孩子,爱做绝对化的判断,爱用最高级,要么最高,要么最低,要么最好,要么最坏,完全、绝对、肯定、必定、只能是等限制词常常出现在这些孩子的判断中。

一个值得注意的现象是,推崇精确性的逻辑学家经常有意无意地使用模糊判断。让我们看几个例子。

蔡贤浩主编的全国高等师范专科教材《形式逻辑》中有很多模糊判断,比如"哲学是系统化、理论化的世界观"。如前所说,"化"是一个有强烈模糊性的概念,实际存在的是各种不同程度的系统化、理论化,可以说某些学说比较系统化、理论化了,却不宜说它完全系统化、理论化了。《实践论》《矛盾论》是系统化的哲学著作,但毛泽东的哲学论述还很多,包括大量只言片语但颇精辟的论点未概括进去,故"毛泽东哲学思想系统化了"是一个模糊判断。邓小平理论在邓小平的著作中是否系统化、理论化了?对此不能做是或否的断定,否则,就会引出"邓小平理论是在邓小平之后才系统化、理论化了"的结论,这大概是学术界不会接受的。

在何向东主编的《逻辑学教程》中,"杜甫是伟大的诗人","他们爱得很深","谦虚使人进步,骄傲使人落后",等等,都是模糊判断,要作者们拒绝使用这些判断是行不通的。

陈波的《逻辑学是什么?》属于精确逻辑著作,但所举例子中相当一大部分是模糊判断,如"物美价廉","他娶了个好老婆","红了葡萄,绿了芭蕉","宁为玉碎,不为瓦全",等等。如果把其中的模糊判断全部除去,这本书恐怕得重写。

读到这里,您可能会提出一点质疑:既然他们将模糊判断当成精确判断,为什么没有导致逻辑错误?原因很简单,这些判断中的谓词都是正则模糊概念,存在非空的核心 Ker,在这个范围内它们都是精确判断,用精确逻辑框架来考察,不会出现逻辑错误。但我们必须指出,这么处理在逻辑上存在失当之处,容易误导读者在模糊概念的边缘 Edg 也把它们当成精确判断对待。拿"他娶了个好老婆"来说,什么是好老婆?按照中华民族的传统,全身心地相夫教子的贤妻良母型老婆是好老婆,但古往今来,严格意义上的贤妻良母有几多?在越来越多女性走上工作岗位的现代社会,还能这样要求为人妻的妇女吗?一心一意为丈夫好,但把丈夫管得很死,算不算好老婆?顾不上管家的女强人能不能成为好老婆?这些都是程度型问题。拒绝把模糊判断当成模糊判断来对待,一味追求精确性,会误导丈夫们抱怨自己没有娶到一个好老婆,也会误导妻子们抱怨自己没有找到一个好丈夫,导致夫妻误会,影响家庭和睦稳定。坚持模糊思维对建设一个美满家庭大有好处,尘世生活需要拒绝"精确性崇拜"。

6.2 模糊谓词
——进入谓词的模糊性该如何分析

经典逻辑有命题逻辑、词项逻辑和谓词逻辑的区别,各自发展出一套关于判断(命题)的分析方法,但共同的缺点是对判断的模糊性无法分析。模糊逻辑从四个方面发展了逻辑学关于判断的分析方法。

模糊判断的模糊性首先在于谓词的模糊性。一个模糊性质判断可形式化表示为:

$$p\Delta x \text{ 是 } \underline{A} \tag{6.1}$$

其中，x 为个体变元，$\underline{A}$ 为模糊概念，谓词"是 $\underline{A}$"为模糊断定，断定对象 x 具有模糊属性 $\underline{A}$。新中国前途远大，九寨沟风景极其秀丽，今天天气有点热，等等，都是模糊性质判断。

如果除去谓词形式化表示中的模糊化记号，(6.1)就是精确逻辑中简单性质判断的符号表示。在不考虑量词的前提下，由于缺乏对 A 进行细致分析的逻辑工具，精确逻辑的所有简单性质判断都具有这一共同形式。所以，一些精确逻辑著作虽然使用"数理逻辑是一个很大的概念"之类的模糊判断，却避而不对谓词中的"很大"之类语词进行分析，暴露了它在谓词分析方面的局限性。语言变量和模糊语言算子概念的引入克服了这一缺陷，揭示出(6.1)中谓词内蕴的种种差异，每个语言变量都对应着一大批甚至是无穷多个谓词有差异的模糊判断，从而大大丰富了模糊逻辑的谓词分析。

设 $\underline{A}$ 为原子模糊概念，简单模糊性质判断的一般形式如下：

$$p\Delta x \text{ 是 } a\underline{A} \tag{6.2}$$

其中，a 为限制词，即模糊语言算子。(6.1)只是简单模糊性质判断的最简单形式，(6.2)则包含多种可能形式。

(1) a 为语气算子 h，形成如下一类模糊判断：

$$p\Delta x \text{ 是 } h\underline{A} \tag{6.3}$$

六、模糊判断

例如,这个梨有点酸,信息论相当难学,孙悟空心地很善良,等等。

(2) a 为模糊化算子 f,形成如下一类模糊判断:

$$p\Delta x \text{ 是 } f\underline{A} \tag{6.4}$$

例如,屋里大约有十来个人,他的文章或多或少有点抄袭成分,等等。

(3) a 为判定化算子 j,形成如下一类模糊判断:

$$p\Delta x \text{ 是 } j\underline{A} \tag{6.5}$$

例如,不足 30 岁为偏向年轻,她的证词多半是假的,等等。

(4) 以 m 记大、小、长、短等数量化限制词,可产生一类形式如下的模糊判断:

$$p\Delta x \text{ 是 } m\underline{A} \tag{6.6}$$

例如,1 500 米比赛是长跑赛,印度是大国,《阿 Q 正传》是短篇小说,等等。

(5) 一个判断可以解释为一个赋值方程,表示把属性 $\underline{A}$ 赋予对象 x。如上面几个例子可写成如下赋值方程:

前途(新中国)=远大

风景(九寨沟)=极其秀丽

天气(今天)=有点热

可靠性（这个计划）＝充分可靠

一般地说，设 L 为语言变量，A 是其语言值，判断"pΔx 是 A"的赋值方程可写成：

$$L(x)=\underline{A} \tag{6.7}$$

(6.7) 式的意思是，把模糊语词 A 作为一个语言值赋予语言变量 L，表示对象 x 具有模糊属性 A，亦即对 x 施加一种模糊约束 A。在讨论模糊判断和模糊推理的数学刻画时，把判断解释为赋值方程常有方便之处。

简单模糊关系判断也可以做类似分析，例如小白的年龄略大于小花、中国与韩国是近邻等。

6.3 模糊真值
——进入真值的模糊性该如何分析

确定一个判断的真伪是逻辑学的基本问题之一。经典逻辑假定，一个判断要么完全真，要么完全假。今天看来，这个假定只适用于精确判断，模糊判断的真假是个程度问题，不可做如此简单的断定。模糊逻辑认定，在给定的讨论范围内，有些判断可能是全真的，有些判断可能是全假的，必定还有一些判断是部分真又不完全真的，存在真实程度各不相同的判断，逻辑学应当区分判断真假的这种程度差别。设张龙 28 岁，赵虎 30

六、模糊判断

岁,李豹35岁,形成三个模糊判断:"p△ 张龙是年轻人""q△ 赵虎是年轻人""s△ 李豹是年轻人",直观上容易看出,三者的真实性顺次降低。

二值逻辑以数字1、0代表真、假,首先表示的是判断或命题的真实性的定性特征,改用别的符号如字母T、F表示,或干脆就用文字真、假来表示,也可以进行同样的真值演算。不过,也可以对0、1做定量解释,令1代表判断的真实程度为百分之百,0代表真实程度为百分之零,从而引入真值域概念,用二元素集合V={0,1}表示。真值的定量解释开启了推广经典逻辑的一条广阔道路,建立了多种三值逻辑和多值逻辑系统。

但模糊逻辑认为,多值逻辑走得还不够远,人脑实际使用的模糊判断的真实性具有介于全真和全假之间的一切可能情况,可以取无穷多个不同的真值,存在无穷值逻辑。这样讲还不够,在任何两个不同真值之间,原则上还存在其他真值,因而真值应是连续的,即存在连续无穷真值逻辑。模糊逻辑由此引入数值真值概念,记作 v,仍以1代表真实性程度为百分之百,0代表真实性程度为百分之零,以介于0和1之间的任一实数代表部分真而不全真的判断的真实性程度,取实数闭区间V=[0,1]为真值域,即假定

$$0 \leqslant v \leqslant 1 \tag{6.8}$$

上述关于模糊谓词的模糊集合论解释，给出了模糊判断的数值真值的度量方法。以 $v(P)$ 记判断"$p\underline{\Delta}x$ 是 $\underline{A}$"的数值真值，按照模糊集合的定义，x 对 $\underline{A}$ 的隶属度 $\mu_{\underline{A}}(x)$ 就是模糊判断"x 具有性质 $\underline{A}$"的数值真值，即

$$v(P)=\mu_{\underline{A}}(x) \tag{6.9}$$

例如，若张龙 28 岁，赵虎 30 岁，按照札德的定义（3.12）计算，$v(张龙是青年)=\mu_H(张龙)=0.7$，$v(赵虎是青年)=\mu_H(赵虎)=0.5$。

类似地，有限论域上的简单模糊关系判断的数值真值按照描述模糊关系的模糊矩阵来计算。设 $\underline{R}$ 是从论域 $U=\{u_1, u_2, \cdots, u_n\}$ 到 $V=\{v_1, v_2, \cdots, v_m\}$ 的模糊关系，模糊关系判断"对象 u_i 和 v_j 具有关系 $\underline{R}$"的数值真值 v，就是元素对 $\langle u_i, v_j \rangle$ 对关系 $\underline{R}$ 的隶属度 r_{ij}，按照（3.34）式确定，即

$$v(对象\ u_i, v_j\ 具有关系\ \underline{R})=r_{ij} \tag{6.10}$$

从真值的定量刻画看，逻辑学经历了如下链条式的发展演变：

二值→三值→多值→无穷多值→连续无穷多值

模糊逻辑使逻辑学沿着这个方向的发展走向极致，把不同真值的差别细微到无穷小的量级，能够给判断的真值以最细致、最精确的定量刻画。数值真值及其计算方法的引入，使真值的

六、模糊判断

描述彻底定量化，便于在计算机上进行真值演算。鉴于它的真值域是连续实数区间 V=[0, 1]，模糊逻辑有时被称为无穷连续值逻辑，以区别于一般的多值逻辑。

但是，把数值真值表示为连续的实数，把真值计算精确到无穷小，显得过于精确肯定，不符合作为思维对象的模糊事物的模糊本性，也不符合人脑思维的本性。实数概念建立在事物可以无限细分的逻辑假定上，基于实数概念引出的结论都是非此即彼性的。设 $v(p)=v_1$，$v(q)=v_2$，只要 $v_1 \neq v_2$，不论二者相差有多小，p 和 q 仍是两个不同的模糊判断，彼此完全分立，界限分明。如此精确的真值显得不大真实，不能反映模糊事物的亦此亦彼性。而且把数值真值归结为隶属度，确定隶属度的困难也就成为确定真值的困难。

人脑思维对判断或命题真实性的断定并不采用精确的数值真值，而是用有点真、部分真、相当真、非常真之类模糊语词。如"中国乒乓球队是世界一流的"为完全真，"相对论不难懂"为不太真，"赵蕊蕊是中等个"为非常假等。关于判断是真是假的这种断定方式，虽不精确，但方便实用，与数值真值相比，往往显得更为贴切、有效、接地气，为人们普遍接受，表明这些模糊语词具有逻辑真值的功能。因此，模糊逻辑提出语言真值概念。把真值当成一个语言变量，记作 T。在精确逻辑中，T 只有真、假两个语言值。在模糊逻辑中，T 有难以计数的不同的语言值，记作 τ，以真、假为基本语言真值，运用语言值生成规则，产生出语言真值集合：

$$\tau(T)=\{微真,较真,真,很真,非常非常真,\cdots 不太真,不真,很不真,\cdots,微假,有点假,相当假,基本假,完全假,\cdots,不假也不真,有点假但不非常假,\cdots\}$$

(6.11)

这样看来，一个模糊判断"$\underline{p}\Delta x$ 是 $\underline{A}$"总是联系着两个模糊集合，一个是表示谓词的集合 $\underline{A}$，一个是刻画判断 $\underline{p}$ 的语言真值的模糊集合 τ。一般形式为：

"$\underline{p}\Delta x$ 是 $\underline{A}$"是 τ (6.12)

例如，"湘潭为大城市"是不很真的，"涿州离北京相当近"是相当真的，"朱婷为世界女排第一主攻手"是非常真的，等等。

语言真值完全是一个定性概念，属于多维语言变量，具有哪些维度我们并不了解，因而按照通常的理解无法给以定量刻画。数值真值概念提供了一种解决办法。以数值真值 v 做基础变量，以 $V=[0,1]$ 为论域，把语言真值定义成 $[0,1]$ 的模糊集合，就可以给语言真值以近似的数值刻画。

为了能够在计算机上进行模糊判断的真值演算，需要基于模糊集合论给出语言真值的语义定义。这种定义显然不是唯一的，可以根据不同的需要采取不同的方案。取札德的定义，首先给出基本语言真值"真"的模糊集合表示：

$$\mu_{真}(v)=\begin{cases}0 & 0\leqslant v\leqslant a\\ 2\left(\dfrac{v-a}{1-a}\right)^2 & a<v<\dfrac{a+1}{2}\\ 1-2\left(\dfrac{v-1}{1-a}\right)^2 & \dfrac{a+1}{2}<v\leqslant 1\end{cases} \quad (6.13)$$

其中，a 是参数，且 $0<a<1$，v 是数值真值。

把"不真"定义为"真"的补：

$$\mu_{不真}(v)=1-\mu_{真}(v) \quad (6.14)$$

基本语言真值"假"的模糊集合描述也不是唯一的，这里取"真"的镜像反射：

$$\mu_{假}(v)=\mu_{真}(1-v) \quad (6.15)$$

进一步还可以定义如下语言真值：

$$\mu_{微真}(v)=[\mu_{真}(v)]^{1/4} \quad (6.16)$$

$$\mu_{较真}(v)=[\mu_{真}(v)]^{1/2} \quad (6.17)$$

$$\mu_{很真}(v)=[\mu_{真}(v)]^2 \quad (6.18)$$

$$\mu_{极真}(v)=[\mu_{真}(v)]^4 \quad (6.19)$$

界定为无穷连续值逻辑的模糊逻辑，本质上还是精确逻辑。模糊逻辑对逻辑学最具革命性的变革之一，是真值的模糊化，引入语言真值概念，彻底否定了一切判断非真即假、非假即真的观点。把部分真的东西当成完全真的或完全假的东西都是反科学的，把部分真的东西当成部分真的东西则是科学的。界定为模糊语言逻辑的模糊逻辑，才是典型的模糊逻辑。模糊逻辑的真值理论为辩证哲学的真理观提供了强有力的科学支持。当然，有些逻辑学家不接受模糊真值的观点，如苏珊·哈克就认为"真的"（true）这个词不存在程度的差别，否认真实和真值有等级程度的区别，断言模糊逻辑本质上还是二值逻辑。

6.4 模糊量词
——进入量词的模糊性该如何分析

关于简单判断的主要构成成分，词项逻辑分解为主项、谓项和量项，谓词逻辑分解为个体词、谓词和量词。二者的一个共同点是把判断涉及的主体或个体设想为独立存在的、可数的事物。一个思维过程所涉及的这种事物的全体，就是论域，或称个体域。量词所刻画的是一个判断对主体的断定在论域中的适用范围，量词对判断的真值有重要影响。所以，考察量词成为对判断做逻辑分析不可忽视的内容。

六、模糊判断

数量作为语言变量,记作 Q,它的语言值集合为:

Q={全部,几乎全部,绝大多数,大多数,很多,相当多,半数,不很多,不多,少数,很少,极少,个别,几个,…}

(6.20)

关于这些语言值的模糊集合表示,目前的文献很少涉及。对于由可数对象构成的论域,用自然数或其有限子集来表示最为适宜,记作 N。以对象个数 x 为基础变量,可以在 N 上定义 (6.20) 中的各语言值的模糊集合表示。但自然数有限子集的大小差异极大,使语言变量 Q 的语言值的含义有很大不确定性。如在论域 [0,100] 中使用模糊量词,或在论域 [0,10 000] 中使用模糊量词,二者没有可比性。在前一论域中说得上"大多数"的情形,在后一论域只能说"有些"。但此一问题不难解决。设论域为 $[0, 10^n]$,n 是正整数,将它按照 10^{n-2} 的尺度缩小,变为标准论域 N=[0, 100]。我们只需在标准论域上定义模糊量词,具体应用时再放大 10^{n-2} 倍即可。

经典逻辑只有全称(所有)、特称(有些)和单称(某个)三个量词,二值逻辑进一步精简为全称量词"所有"(∀)和存在量词"有些"(∃),还证明二者并不独立,其中的一个可以用另一个来定义。如此处理固然符合现代科学的简单性原则和精确性要求,却也限制了逻辑的适用范围,无法对千差万别的模糊判断提供逻辑分析。由于这一点,札德认为多值逻辑走得不够远，批评它完全继承了二值逻辑的量词理论，只承认两个量词，不能反映量词的模糊性。人脑思维使用的量词绝不止于这两三个，而且大多是（6.20）中的模糊语词，用它们构成如下模糊判断，可谓形形色色，无穷无尽：

a. 所有聪明学生都讨老师喜欢；
b. 大多数干部是好的或比较好的；
c. 很多中国人不遵守交通规则；
d. 不少干部缺乏民主作风；
e. 有些一级教授有抄袭行为；
f. 极少数女孩子不爱打扮；
g. 并非所有的"洋"博士都强于"土"博士。

模糊逻辑对逻辑学的另一重要变革，是把量词模糊化，引入模糊量词概念。量词是一个特殊的语言变量，精确逻辑局限于取两个语言值"全体"和"有些"，模糊逻辑主张（6.20）中的所有语言值都可以充当量词，原则上有无穷多个。模糊量词仍然是对判断中个体数量多少的限定，但不给定准确数字，而是以无穷多种方式近似描述个体数量的多少。有了模糊量词，就可以区分模糊判断在结构上的差别。不过，如何确定模糊量词对判断句真值的影响，是一个有待认真研究的逻辑问题。

6.5 模糊命题逻辑
——进入联结词的模糊性该如何分析

模糊逻辑的联结词也是下述五个：

联结词		记号	例	读法
否定词	非	¬	¬A	非A
析取词	或	∨	A∨B	A或B
合取词	且	∧	A∧B	A且B
蕴涵词	如果,则	→	A→B	如果A,则B
等值词	等值于	↔	A↔B	A等值于B

但这些联结词均已模糊化，含义与数理逻辑有所不同。如模糊否定词"非"，似非而不是严格的非，有所否定又不完全否定。五个联结词代表五种逻辑运算，从已知模糊判断出发，经过这些运算，可以构成各种比较复杂的模糊判断。被运算的对象是支判断，运算结果是复合判断，运算规则决定了如何由支判断的真值计算复合判断的真值。

设判断"p△x 是 $\underline{A}$"的真值为 $v(p)$，判断"q△y 是 $\underline{B}$"的真值为 $v(q)$，五种逻辑运算得出的复合判断的真值按如下公式计算。

(1) 否定

$$v(\neg p) = 1 - v(p) \qquad (6.21)$$

例如，设 $v(p)=0.8$，则 $v(\neg p)=1-0.8=0.2$。

(2) 析取

$$v(p \vee q)=v(p) \vee v(q) \qquad (6.22)$$

$\vee$ 为取大值运算。伍杰未出席预定参加的会议，会议主席估计其原因为：p△伍杰身体不适，或者 q△伍杰有点忙。设前者的真值 $v(p)=0.8$，后者的真值为 $v(q)=0.5$，则复合判断 $r=p \vee q$ 的真值为 $v(r)=v(p) \vee v(q)=0.8 \vee 0.5=0.8$。

(3) 合取

$$v(p \wedge q)=v(p) \wedge v(q) \qquad (6.23)$$

$\wedge$ 为取小值运算。何必然没有参加预定的学术沙龙，一位与会者转告说：p△何必然身体有些不适，而且 q△何必然太忙。设前者的真值 $v(p)=0.9$，后者真值 $v(q)=0.4$，则复合判断 $s=p \wedge q$ 的真值为 $v(s)=v(p) \wedge v(q)=0.9 \wedge 0.4=0.4$。

(4) 蕴涵　已提出多种模糊蕴涵的真值计算公式，其中之一是：

$$v(p \rightarrow q)=[v(p) \wedge v(q)] \vee [1-v(p)] \qquad (6.24)$$

"如果读书多，则学问大"是一个模糊蕴涵判断。令 p△x 读书多，q△x 学问大。设 $v(p)=0.6$，$v(q)=0.7$，则 $v(p \rightarrow q)=[v(p) \wedge v(q)] \vee [1-v(p)]=0.6 \vee 0.4=0.6$。

(5) 等值　模糊等值的真值计算公式也有多种定义，其中之一为：

$$v(p \leftrightarrow q) = v(p \rightarrow q) \wedge v(q \rightarrow p) \qquad (6.25)$$

析取、合取、蕴涵、等值的真值计算公式建立在取大值与取小值运算上，显然过分粗糙，与人脑使用的模糊逻辑不符，尚待改进。

七、模糊推理

7.1 用模糊判断能否构成精确推理
——什么是模糊推理

原则上说，由模糊判断构成的推理就是模糊推理。但我们在精确逻辑著作中看到的大量例子是由模糊判断构成的推理，把它们作为精确推理来分析，并未引起逻辑矛盾，追求精确性的逻辑学家对此从未提出质疑。直接推理如下：(1) 从"所有的人都享有基本人权"，推出"并非所有的人都不享有人权"（SAP→¬SEP）；(2) 从"并非有些花朵不是美丽的"，推出"并非所有花朵都不是美丽的"（¬SOP→¬SEP）；(3) 从"有些官员是腐败分子"，推出"并非所有官员都不是腐败分子"

(SIP→¬ SEP)。这几个例子都是从常见的逻辑学著作中找来的，它们的前提和结论均为模糊判断，所构成的推理却都被当成精确的。

间接推理也有类似情形。请看直言三段论推理（7.1），大前提、小前提和结论都是模糊性质判断，通常被当成精确推理：

所有年轻人都精力充沛；
令狐冲年轻；

────────────

所以，令狐冲精力充沛。　　　　　　　　　(7.1)

再看以下假言推理（7.2）：

如果王老师是合格的教师，那么他一定热爱学生；
王老师是合格的教师；

────────────

所以，王老师一定热爱学生。　　　　　　　(7.2)

尽管合格教师和热爱学生都是模糊概念，大前提是模糊假言判断，小前提是模糊性质判断，所构成的推理被通行的逻辑著作当成精确推理来讨论。

一般地，这种假言推理的大前提可以形式化地表示为"若 x 是 $\underline{A}$，则 y 是 $\underline{B}$"，$\underline{A}$、$\underline{B}$ 均为模糊概念，小前提可以形式化地表示为"x 是 $\underline{A}$"，推理可以形式化地表示为：

若 x 是 A̲，则 y 是 B̲；
x 是 A̲；
——————————
所以，y 是 B̲。 (7.3)

如果把谓词换成精确概念 A 和 B，(7.3) 就是精确假言推理的形式化表示。

上述把模糊判断构成的推理当作精确推理来对待而未受到质疑，是因为这样处理具有相对的合理性。

其一，大多数模糊概念都是正则型的，在其核心 Ker 内没有模糊性，模糊性只出现于边缘部分 Edg。如果局限于核心 Ker 内讨论问题，上述所有直接推理和间接推理都是精确推理，它们的推理机制无须用模糊逻辑来分析，精确逻辑著作把它们作为例子无可非议。

其二，推理是由判断构成的思维系统，一个推理是不是模糊的，主要看系统整体的属性如何，判断（前提和结论）的模糊或精确只是系统组分的属性，还不是系统整体即推理是否模糊的决定性因素。根据系统论原理，一个系统自身的规定性是由组分按照结构模式组织、整合为统一整体而涌现出来的，与组分相比，结构是第一位的决定因素。推理作为系统，它的结构指大前提与小前提之间、前提与结论之间的关联方式，也就是推理规则。作为前提和结论的判断属于推理系统的组分，推理规则是系统的结构，属于整体层次，推理规则是推理系统的整体属性，一个推理是否为模糊推理，决定性的因素在于推理规则是否具有模糊性，而非作为组分的判断是否具有模糊性。

我们用这种观点来考察（7.3）。仅就形式表示看，这种推理模式的小前提是对大前提前件的严格肯定（二者为同一模糊判断），结论是对后件的严格肯定（二者也是同一模糊判断），与精确逻辑没有任何差异，推理规则没有任何模糊性，无须用模糊逻辑来分析。特别地，如果局限于谓词概念的核心 Ker 内，它就是标准的精确推理。正是在这种意义上，允许把（7.1）、（7.2）和（7.3）当成精确推理。对于上述直接推理，也可做如是分析。

但是，系统的整体属性毕竟是在组分属性的基础上升华、涌现出来的。即便推理规则没有模糊性，作为前提和结论的判断，其模糊性总会在推理系统的整体层次上有所反映。这集中体现在结论的真值问题上：一旦讨论超出谓词概念的 Ker 范围，推理的结论就是典型的模糊判断，真值小于 1。就是说，在 Ker 内完全有效的推理规则，一旦推广应用于 Ker 之外，得到的结论就属于部分真的模糊判断，这样的推理规则就不再完全有效，而是近似有效。对于诸如此类的逻辑事实，只有模糊逻辑能够做出合理的分析。所以，上述各例都不是典型的精确推理，但也不是典型的模糊推理，它们对精确推理的隶属度小于1但接近于1，通常是在取截集的意义上算作精确推理的。

以(7.1)为例，不同年轻人的精力可能有很大差别，导致结论的真值差别显著，推理有效性的差别也很大。年轻而有病的人属于精力充沛者的程度相当小。林黛玉很年轻，但"弱不胜衣""有不足之症"，故"林黛玉精力充沛"就是一个真值低的模糊判断。在精确逻辑中，以此为反例，将断定(7.1)是一种无效的推理。这未免太武断，因为精力充沛是程度型问题，几乎所有年轻人在一定程度上都说得上精力充沛，(7.1)在一般情况下还是相当有效的推理，类似的推理大量应用于日常生活，能够相当有效地为人们服务。即使林黛玉，在同姐妹们结社咏诗中表现出来的精力，不仅贾母甚至王夫人不具备，就是迎春、惜春也比不上。在理论上，逻辑学家可以明确限定在概念的核心 Ker 内讨论问题，不顾及这些推理的模糊性。但在实际生活中，人一般都要越出概念的核心 Ker 范围，在模糊性不可忽视的边缘 Edg 范围推理想事，就不能不应用模糊逻辑。

由此可见，模糊推理与精确推理，或者模糊逻辑与精确逻辑，也是具有模糊性的逻辑概念，其间不存在截然分明的界限。不过，(7.3)对精确逻辑的隶属度显然大于对模糊逻辑的隶属度，在模糊逻辑著作中不予讨论，归入精确逻辑更恰当些。

7.2 有点红的葡萄是否熟了
——模糊假言推理

我在抗日战争的隆隆炮火中出生于太行山深处的一个穷山村,在不到3岁时房子被日寇烧毁,我们一家三代七口不得不在一个叫作放神坡的野山坡上挖了一个土窑洞住下来,没想到一住就是13年。窑前洞后种了几棵杏树、桃树,老房子附近还有枣树,到我学会爬树时都已开始结果,给儿时的我带来莫大乐趣。母亲告诫说,熟了的杏是黄的,熟了的枣是红的,半黄不黄的杏儿和半红不红的枣儿吃了会拉肚子,严禁我偷吃。我与母亲常常为此发生冲突。爷爷却能给我摘到一些虽未全熟但不会吃坏肚子的果子,几次试行证明有效,母亲只得认可。40年后读了札德关于模糊逻辑的论著,我终于弄明白了,爷爷用的是模糊思维,母亲用的是精确思维,模糊思维在此处胜于精确思维,才使我享受了诸多欢乐。

札德第一个对这类推理做出逻辑分析。请看他经常讨论的一个例子:

若葡萄红了,则葡萄熟了;

葡萄有点红;

所以,葡萄有点熟。 (7.4)

葡萄的红和熟都是程度问题，红到什么程度算熟，熟到什么程度就可以安全地食用，颇有些微妙。同样是"有点红"的葡萄包含许多差别，生、熟的程度各不相同，这些都要靠经验来模糊地推理判断。枣也如此，有些枣尽管不很红，但在相当程度上接近熟了，可以食用；有些枣看似比较红，却比较生，不宜食用。如何揭示个中玄机妙理，精确逻辑束手无策，便生硬地把（7.4）视为完全无效的推理形式，排除于逻辑学研究对象之外。我爷爷大字不识一个，不懂得什么叫逻辑，但丰富的生活经验使他善于应用模糊逻辑。这一事实让我明白了，人脑基于实践经验的模糊性，运用模糊逻辑进行这类推理判断，一般都可以相当有效地解决实际问题。这是人脑模糊逻辑思维的重要特点和优点，逻辑学不可拒之门外。

再看一个例子：

如果刮大风，则天气降温；

明天风很大；

────────────

所以，明天会明显降温。 (7.5)

按照精确逻辑标准衡量，这同样是一个无效的推理，由于小前提谓词有语言算子"很"，（7.5）的模糊性强于（7.4）。人们在现实生活中经常使用这类模糊推理，很能解决实际问题，故（7.5）应视为一个比较有效的推理。

七、模糊推理

（7.4）和（7.5）都是典型的模糊假言推理，形式化表示一般为：

若 x 是 $\underline{A}$，则 y 是 $\underline{B}$；

x 是 $\underline{A}_1$；

─────────────────

所以，y 是 $\underline{B}_1$。　　　　　　　　　（7.6）

注意，（7.3）和（7.6）有重要区别。（7.6）的小前提也是模糊性质判断，但它的谓词与大前提的谓词相近而不相同。所谓相近，指二者刻画的是同一语言变量所反映的对象属性，根本性质是相同的，因而小前提与大前提前件具有内在的逻辑同一性。所谓不同，指它们代表语言值集合中的不同语言值，在具有该语言变量所表达的那种属性方面有程度上的差别。小前提对大前提前件的肯定不是严格的，只是一种近似的肯定。同样地，结论对大前提后件的肯定也不是严格的，而是近似的肯定。由对大前提前件的近似肯定，得到对大前提后件近似肯定的结论，这就是推理规则的模糊性，在精确逻辑中被视为不合推理规则，是不允许的。但近似的肯定也是一种肯定，或一定程度上的肯定，得到的结论也具有一定程度的真实性，有益于解决实际问题。所以，模糊推理是一种近似推理，一种不精确推理。从要求推理规则完全严格和精确的立场上后退一步，允许推理规则带有模糊性、近似性，（7.6）就成为一种相对有效的推理。模糊性进入推理规则，是模糊推理的本质特征。

令 $\underline{A}_1 = \alpha \underline{A}$，$\alpha$ 为语言算子，一般可取 $\underline{B}_1 = \alpha \underline{B}$，(7.6) 可精细地表示为：

若 x 是 $\underline{A}$，则 y 是 $\underline{B}$；
x 是 $\alpha\underline{A}$；
────────────

所以，y 是 $\alpha\underline{B}$。 (7.7)

这种推理的特点是，如果小前提对大前提前件的肯定经过语言算子 α 的调整而变动，则结论对后件的肯定也应经过语言算子 α 的调整而改动。故模糊假言推理（7.6）的推理规则其实就是语言算子 α 从小前提谓词转移到结论谓词的转移规则。

人脑实际应用模糊推理时，常因所用语言算子有所差异而导致结论也有所差异，或者用"大约""大概"对 α 再加以模糊化。例如，(7.4) 的结论也可能是"葡萄大概有点熟了"；或者像（7.5）那样，用"明显"来修饰结论的谓词，等等。结论的这种非唯一性，或不确定性，是模糊推理作为近似推理的特征之一，也是逻辑学长期拒绝承认它的原因之一。但这种非唯一性在人际交往中也有积极意义，特别是在文学艺术中，能够反映思维者在不同情形下情感或情绪的微妙差异，获得特定的美学韵味。

(7.6) 是肯定前件的模糊假言推理，以下是否定后件的模糊假言推理：

若 x 是 $\underline{A}$，则 y 是 $\underline{B}$；
y 是 $\neg \underline{B}_1$；
_____
所以，x 是 $\neg \underline{A}_1$。　　　　　　　　　　(7.8)

例如：

如果 x 重，则 y 轻；
y 不很轻；
_____
所以，x 大约不很重。　　　　　　　　　　(7.9)

不确定性推理正日益引起注意。需要指出，不可把所有不确定性推理都看成模糊推理。有各种各样的不确定性推理，模糊推理只是其中的一种。正如容易把随机性误认为模糊性一样，人们也容易把概率逻辑中的统计推理误认为模糊推理。请看下例：

背叛则可能出走；
宝玉常背叛；
_____
所以，宝玉有可能出走。　　　　　　　　　　(7.10)

有论者认为："这一推理层次有无模糊性无关紧要，重要的是在判断之间的关系上有无模糊性，由于判断存在着模糊性，所以就成为模糊推理了。"① 这正好把主次颠倒了：一个推理是否为模糊推理，构成推理的判断有没有模糊性不是第一位的，推理层次有无模糊性才至关紧要；判断本身的模糊性未必产生推理的模糊性，判断之间关系的模糊性必定产生推理的模糊性。在这个例子中，虽然"背叛""出走"这两个概念都具有模糊性，前提与结论都是具有模糊性的判断，但这些因素只是构成模糊推理的必要条件而非充分条件，一般情形下放在精确推理中也说得过去。不过，大前提中的"可能"、小前提中的"经常"和结论中的"可能"都不是札德讲的可能性，而是概率论讲的事件发生与否存在不确定性意义上的可能性，即概然性，它们作为语言算子进入谓词，导致这里的推理规则也具有不确定性，但不是模糊逻辑的推理规则，而是概率逻辑的推理规则，结论的不确定性并非由隶属度刻画，而是由概率刻画，属于统计推理，至多可算作模糊统计推理。

7.3 近邻的近邻的近邻还是近邻吗
——模糊关系推理

从作为前提的模糊关系判断得出作为结论的模糊关系判断，这种推理方式也大量使用。用模糊关系判断构成的直接关系推

---

① 孙连仲，南纵线. 模糊言表思维探秘. 北京：东方出版社，2001：145.

七、模糊推理

理,由于推理规则没有模糊性,通常也被当成精确推理。例如,由对称模糊关系"近邻"构成的直接关系推理:

中国与巴基斯坦是近邻;

―――――――――――

所以,巴基斯坦与中国是近邻。 (7.11)

两个前提都是模糊关系判断,结论也是模糊判断,所构成的复合推理一般都是模糊的,叫作模糊间接关系推理。这种推理使用的规则必然具有模糊性,精确逻辑的推理论难以给出合理的分析,但在实际生活中大量使用,而且种类繁多,差异极大,至今未做系统研究。

"近似相等"是一种模糊关系,用它可构成如下关系推理:

x和y近似相等;
y和z近似相等;

―――――――――――

所以,x和z近似相等。 (7.12)

三个判断的近似程度随个体的变化而各异,结论的模糊性一般更大些。以 v_1、v_2、v_3 顺次记它们真值,其间的差别值得注意。如何由前提的真值计算结论的真值,尚未被讨论。

作为一种对称关系,近似相等断定的是关系前后项就某一数量特性进行比较时形成的一种关系。就同一数量特性(如身高、体重、经济实力等）对不同个体进行比较，还可以形成各种非对称模糊关系。以≈记近似相等，令 $\underline{R}$ 记某一非对称模糊关系，可以构成以下经常使用的模糊关系推理：

$$(x \approx y \wedge x\underline{R}z) \rightarrow y\underline{R}z \tag{7.13}$$

这类推理的特征是，如果论域 X 中的元素 x 和论域 Y 中的元素 y 之间在某一数量特性方面近似相等，x 和论域 Z 中的元素 z 在同一数量特性方面具有非对称模糊关系 $\underline{R}$，则能推断出 y 和 z 也具有关系模糊关系 $\underline{R}$。例如，"比……大得多"是一种非对称模糊关系，由它可以构成以下关系推理：

x 和 y 近似相等；

y 比 z 大得多；

─────────────────

所以，x 比 z 大得多。 (7.14)

事物之间广泛存在相似关系，且形形色色。其中，除少数为精确关系（如相似三角形）外，一般都是模糊关系。相似关系是一种定性关系，是针对对象之间的某种性质（如面貌、性格、经历等）进行断定的。相似为对称关系，以 $\backsim$ 记之。令 $\underline{R}$ 记对象之间关于同一性质而言的某个非对称模糊关系，人脑常常进行以下模糊关系推理：

$$(x \backsim y \wedge x\underline{R}z) \rightarrow y\underline{R}z \tag{7.15}$$

七、模糊推理

例如：

> 甲和乙长得差不多；
> 乙比丙丑得多；
> ――――――――――――
> 所以，甲比丙大概丑得多。　　　　　　　(7.16)

必须强调指出，在所有间接模糊关系推理中，只有当作为前提的两个模糊关系判断是针对同一语言变量做出的论断，即同一语言变量赋予两个关系判断以内在的逻辑联系时，所构成的推理才是有意义的。如果两个前提分别涉及两个不同语言变量，这样的关系推理将会成为笑柄。相声演员有时就利用这类逻辑错误制造包袱儿。

两处距离远近是一类模糊关系，出差、找人、旅游等活动经常需要利用它来进行模糊推理。一位朋友第一次到中国人民大学来找本书作者，他仅知道作者住在静园 10 楼，离汇贤商店不远。他在校公告栏附近向人打听汇贤商店，得知已离那里不远了，往西北拐两次小弯就是。于是，他做了如下模糊关系推理：

> 这里离汇贤商店近；
> 汇贤商店离作者家近；
> ――――――――――――
> 所以，这里离作者家近。　　　　　　　　(7.17)

这是一个相当有效的模糊推理，那位朋友很快就能见到作者。

再看下面的推理：

电话离我家近；

我家离北京近；

────────────

所以，电话离北京近。 (7.18)

乍看起来，这个模糊关系推理与上例的推理模式完全相同，推理的基础也是距离远近这种模糊关系，但实际上属于无效推理，什么问题也不能说明。

还可以看以下推理：

谅山离中国近；

中国离日本近；

────────────

所以，谅山离日本近。 (7.19)

(7.19) 的结论显然不合常识，故也属于无效推理。

这三个推理的形式结构完全一样，为什么有的有效，有的无效？表面上看，三者都是就空间距离这个语言变量进行断定的，但在（7.17）中，距离远近是按照城市中同一居民点邻居之间的距离来衡量的，两个前提有可比性，故推理有效；而后两个例子中的两个前提所说距离（基础变量）的数量级差别太大，无可比性，不能构成有效推理。在（7.18）中，"电话离我家近"是就邻居间的距离进行断定的，"我家离北京近"是就北京、天津、保定等城市间距离做断定的。论域显著不同，二者无可比性。在（7.19）中，"谅山离中国近"是指越南的城市谅山离中国边境城镇（如友谊关）近，"中国离日本近"指的是国家之间的地理位置邻近，二者无可比性。讨论远近、高低、深浅、快慢之类的模糊数量词时，论域是由基础变量构成的，而基础变量的尺度差别极大，形成显著不同的论域，须慎重。

再看基于语言变量"多少"构成的模糊推理：

小刁宿舍的人很多；
老胡宿舍的人也很多；
——————————————————
所以，两个宿舍的人差不多一样多。　　（7.20）

这应是一个有效推理，因为不同宿舍的规模一般有可比性，论域相同。但下例显然是一个无效推理：

小刁宿舍的人很多；
天安门广场的人很多；
——————————————————
所以，小刁宿舍的人与天安门广场的人差不多一样多。

（7.21）

究其原因，前一推理的两个前提属于同一论域（可取为 [0, 30] 人）上的模糊判断，推理有效；后一推理两个前提的论域显著不同，第一个推理前提的论域仍是 [0, 30] 人，第二个推理前提的论域为 [0, 100 000] 人，挤满宿舍的人对前提 1 而言够得上非常多，放到天安门广场就变成非常非常少了。

总之，在进行基于第一类语言变量构成的模糊关系推理时，一定要检查不同前提的论域是否相同（至少基本相同）。论域是按基础变量表征的，两个前提各有自己的基础变量，两个变量的尺度比较接近时，或者严格地说，只有在尺度相同的论域上建立的判断，才能形成有效的推理。(7.18) (7.19) (7.21) 中的两个尺度都不可比较，故属于无效推理。

精确关系推理，如等于、大于、小于等，可以连续进行，形成连锁推理，推理的次数原则上没有限制。利用模糊关系进行连锁推理要特别当心，因为随着连锁推理次数的增加，结论的真值将迅速降低。用模糊关系"近似相等"做连锁推理，连锁推理几次一般还是有效的。用模糊关系"近邻"做连锁推理，一般只在极少的次数内才有效。如果考察的是同一街道或村庄的居民，可以说近邻的近邻是近邻，近邻的近邻的近邻可能还是近邻，但也不允许做太多的连锁推理，因为同一街道或村庄还有远邻，近邻的近邻很容易转化为远邻。在有些情况下很可能不允许利用近邻做连锁推理。例如，中国与俄罗斯为近邻，俄罗斯与乌克兰为近邻,若用近邻关系推理,就会得出"中国与乌克兰是近邻"这个荒谬的结论。

7.4 比巨人高的树能称为巨树吗
——混合模糊关系推理

以上讨论的都是纯粹模糊关系推理。大前提是一个模糊对称关系判断 x$\underline{R}$y,小前提是一个模糊性质判断 x 是 $\underline{A}$,二者都是针对同一语言变量的论断,就可以构成一个混合模糊关系推理。请看下例:

x 与 y 近似相等;

x 是 $\underline{A}$,
_____

所以,y 是 $\underline{A}$。 (7.22)

模糊数学有模糊数的概念,模糊 5 记作 $\underline{5}$。如果小前提断定 x 是 $\underline{5}$,则上述推理的结论为 y 是 $\underline{5}$,属于有效推理。

性质判断 x 是 $\underline{A}$,可以理解为一种特殊的关系判断,断定元素 x "属于"集合 $\underline{A}$,故混合模糊关系推理是纯粹模糊关系推理的一种特殊形式。此混合模糊关系推理的形式化表示为:

$(x \approx y \wedge x 是 \underline{A}) \rightarrow y 是 \underline{A}$ (7.23)

如果大前提是模糊相似关系,则混合模糊关系推理的形式化表示为：

$$(x \backsim y \wedge x 是 \underline{A}) \rightarrow y 是 \underline{A} \tag{7.24}$$

这种模糊推理的作用是，借助大前提中前件与后件的相似性，把小前提对大前提关系前项（或后项）的断定，转移到结论对关系后项（或前项）的断定。例如：

晴雯与黛玉面貌相像；
黛玉很漂亮；
_____

$$所以，晴雯大约也很漂亮。 \tag{7.25}$$

原则上说，结论为"晴雯也很漂亮"即可。谓词中加上模糊化语气算子"大约"，是为了软化断定的语气，使结论的适用范围更大些。《红楼梦》对林姑娘的美丽有多方面的细致描绘，对晴雯的容貌、身段却没有从正面细致的刻画，只是借别人之口略提一笔，如在第七十四回中王夫人对凤姐说她长得"有些像你林妹妹"。

一般情况下，如果关系判断是对称的，记作 $\underline{E}$，断定两个关系项 x 和 y 具有模糊对称关系 $\underline{E}$，性质判断断定其中之一（x 或 y）具有模糊属性 $\underline{A}$，$\underline{E}$ 与 $\underline{A}$ 是针对同一语言变量做断定的，那么，结论就可以利用这种对称性来断定另一个关系项（y 或 x）也具有同一模糊属性 $\underline{A}$。这种推理的形式化表示为：

$$(xEy \wedge x 是 \underline{A}) \rightarrow y 是 \underline{A} \qquad (7.26)$$

混合模糊关系推理的一般形式为：

$$(x\underline{R}y \wedge x 是 \underline{A}) \rightarrow y 是 \underline{B} \qquad (7.27)$$

其中，$\underline{R}$可以不具备对称性，$\underline{B}$是由$\underline{A}$和$\underline{R}$决定的另一模糊性质。$\underline{B}$和$\underline{A}$、$\underline{R}$的关系相当复杂，目前无人讨论。

混合模糊关系推理也要注意两个前提涉及的基础变量是否有可比性，应限制于在同一论域上做复合推理；否则，推理缺乏有效性。请看以下例子：

那棵树比姚明高；

姚明很高；

———————

所以，那棵树很高。 (7.28)

两个前提都是基于语言变量"高矮"建立的模糊判断，有相同的数值变量高度 h，但取值范围（论域）显著不同，判断树的高矮以 [0, 100] 米为论域，判断人的高矮以 [0, 3] 米为论域，没有可比性，无法构成有效推理。身高 2.26 米的姚明无疑是巨人，一棵 2.3 米的树尽管比姚明还高，若和穿天杨比较，只能是一棵矮树，完全谈不上很高，更不是巨树。所以，(7.28) 是一个无效推理。

混合关系推理中的关系判断必须是肯定判断，才能逻辑地得出近似而有效的结论。如果关系判断为否定式，便无法进行有效的推理。例如，"宝玉、贾环长得不像"为模糊关系判断，"宝玉很帅"为模糊性质判断，以二者为前提，无法对贾环的容貌做出有效判断。贾环可能是不同于宝玉的另一种帅气，也可能是容貌平常，却不大可能长得丑，因为其母作为贾政的姨娘，容貌应该很好，只是心地太坏。

7.5 让计算机进行模糊推理
——模糊推理的合成规则

以上讨论的都是人脑如何进行模糊推理。近50年来的研究集中于如何用现有计算机模拟模糊关系推理，已取得大量成果，成为模糊逻辑应用的主要理论根据。主要成果有以下三方面。

（1）纯粹模糊关系推理。设所考察的模糊关系推理是在有限论域（论域为有限集合）上进行的，用模糊矩阵表示关系判断，用模糊关系合成运算刻画推理规则，就可以在计算机上模拟这种推理模式。

给定论域 $U=\{u_1, u_2, \cdots, u_n\}$，$V=\{v_1, v_2, \cdots, v_m\}$，$W=\{w_1, w_2, \cdots, w_p\}$，设 $\underline{R}$ 是从 U 到 V 的模糊关系，用 n×m 阶模糊矩阵 $\underline{R}$ 表示；$\underline{S}$ 是从 V 到 W 的模糊关系，用 m×p 阶模糊矩阵 $\underline{S}$ 表示，则通过关系合成运算 ∘，可以得到 n×p 阶模糊矩阵 $\underline{T}$：

七、模糊推理

$$R \circ S = T \tag{7.29}$$

刻画的是从 U 到 W 的模糊关系 T，即断定 u_i 与 w_j 具有模糊关系 T。

例 1 设论域 U=V={1，2，3，4}，R△ 近似相等，S△ 远大于，对应的模糊矩阵分别为：

$$R = \begin{pmatrix} 1 & 0.5 & 0 & 0 \\ 0.5 & 1 & 0 & 0 \\ 0 & 0.5 & 1 & 0.5 \\ 0 & 0 & 0.5 & 1 \end{pmatrix} \quad S = \begin{pmatrix} 0 & 0 & 0 & 0 \\ 0 & 0 & 0 & 0 \\ 0.5 & 0 & 0 & 0 \\ 1 & 0.5 & 0 & 0 \end{pmatrix}$$

则按照（7.29）进行关系合成运算，得到模糊矩阵：

$$R \circ S = \begin{pmatrix} 0 & 0 & 0 & 0 \\ 0 & 0 & 0 & 0 \\ 0.5 & 0.5 & 0 & 0 \\ 1 & 0.5 & 0 & 0 \end{pmatrix}$$

这就是模糊关系推理所得结论的模糊矩阵表示，它所描述的是论域 U 到自身的合成模糊关系 T。用语言值表达，就是"近乎远大于"。若 R△x 与 y 近似相等，S△y 远大于 z，则推理的结论为 x 近乎远大于 z，或 x 和 y 差不多一样远大于 z。

（2）混合模糊关系推理（7.27）也可以做类似的数学描述。仍就论域 U={u_1，u_2，…，u_n} 来讨论，大前提关系判断 R 是

U 到自身的模糊关系，用 n×n 阶模糊矩阵 R 表示，小前提为模糊性质判断 p△x 是 A，用模糊向量 A=(a_1, a_2, …, a_n) 表示，可以看作一种特殊的 1 行 n 列模糊矩阵，因而 A 与 R 能够进行模糊关系合成运算 A∘R，以 B 记推理结论，混合模糊关系推理 (7.27) 可形式化表示为：

$$A \circ R = B \tag{7.30}$$

例 2 考虑年纪这个语言变量，论域为 U＝{24，26，28，30，32}（岁）。已知甲和乙年纪相仿，若甲很年轻，问乙如何？

解 定义 U 上的模糊关系近似相等（即年龄相仿）为以下模糊矩阵描述的关系：

$$R = \begin{bmatrix} 1 & 0.6 & 0.2 & 0 & 0 \\ 0.6 & 1 & 0.6 & 0 & 0 \\ 0.2 & 0.6 & 1 & 0.6 & 0 \\ 0 & 0.2 & 0.6 & 1 & 0.6 \\ 0 & 0 & 0.2 & 0.6 & 1 \end{bmatrix}$$

按照 (3.11)，定义很年轻 Y 为 U 上的模糊集合：

$$Y = (1, 0.92, 0.6, 0.55, 0.25)$$

则题中给定的混合模糊关系推理就是在 (7.30) 中以 Y 代 A，计算得到：

$$\underline{Y}o\underline{R}=(1,0.92,0.6,0.6,0.25)$$

即乙与甲一样很年轻。

（3）模糊假言推理（7.6）也可以用模糊关系合成运算做定量描述。无论精确逻辑，还是模糊逻辑，假言推理都可以表示为关系判断。令 $\underline{p}$ 记模糊判断 x 是 $\underline{A}$，$\underline{q}$ 记模糊判断 y 是 $\underline{B}$，$\underline{p}\rightarrow\underline{q}$ 记模糊假言判断"若 x 是 $\underline{A}$，则 y 是 $\underline{B}$"，根据（6.24），可以把 $\underline{p}\rightarrow\underline{q}$ 看作一个模糊关系。$\underline{p}_1$ 记性质判断"x 是 $\underline{A}_1$"，用 $1\times n$ 阶模糊向量 $\underline{A}_1$ 表示。模糊假言推理（7.6）可以表示为：

$$\underline{p}_1 o(\underline{p}\rightarrow\underline{q})=\underline{q}_1 \qquad (7.31)$$

例 3 设 $U=\{1,2,3,4,5\}$，x、y 在 U 上取值。给定模糊关系（假言推理）"若 x 小，则 y 大"。已知 x 较小，问 y 如何？

解 在 U 上定义 $\underline{B}$（大）$=(0,0,0,0.5,1)$，$\underline{A}$（小）$=(1,0.5,0,0,0)$，根据算子"较"的定义，有：

$$\underline{A}_1(较小)=(1,0.7,0.2,0,0)$$

按照（6.24）计算，描述模糊蕴涵关系的模糊矩阵为：

$$R=\begin{pmatrix} 0 & 0 & 0 & 0.5 & 1 \\ 0.5 & 0.5 & 0.5 & 0.5 & 0.5 \\ 1 & 1 & 1 & 1 & 1 \\ 1 & 1 & 1 & 1 & 1 \\ 1 & 1 & 1 & 1 & 1 \end{pmatrix}$$

经模糊关系合成运算，计算得到：

$$B_1 = A_1 \circ R = (0.5, 0.5, 0.5, 0.5, 1)$$

结论是：y 也较小。

用模糊关系合成运算表示模糊关系推理，运算结果得到的是模糊矩阵或模糊向量，需要把它们还原为语言值。这是模糊逻辑中的一项重要操作。鉴于同一数值结果常可还原为不同的语言值，故称此项操作为语言近似。在上面几个例子中，由于题设过分简单，设计得相当特殊，把运算所得模糊矩阵或模糊向量还原为语言值比较容易，在常用的语言值表中即可找到。但在一般情况下，运算结果的语言表达往往不在常用语言值表中，即使近似值也不存在，需要靠经验来拟定，断定是否准确取决于断定者语言能力的高低。语言近似是模糊理论中一个尚未很好解决的难题。

7.6 尤二姐是王熙凤害死的吗
——模糊溯因推理

2003 年春夏之交，一场突如其来的灾难（非典型性肺炎）向神州大地袭来。它的医学机理至今还没有被完全弄清楚，却在 13 亿中国人中普及了一批医学术语，"疑似病人"即一例。迄今还没有哪种疾病知识被如此普及过。

什么是疑似病人？医生看病的思维过程大量使用逻辑推理。

七、模糊推理

推理是从前提到结论的思维运动,一般来说,前提是因,结论是果,推理就是由因及果。但医生常常是从症状(果)入手,分析、追溯、推断疾病的性质和起因,判定就诊者是否患有某种疾病。在逻辑学中,这种由果及因的思维过程,叫作溯因推理。非典型性肺炎与典型性肺炎之间,甚至与一般感冒发烧之间,界限并不截然分明,发病的初期尤其如此,令医生难以决断。疑似者,似是又不全是的尚未确诊者,需进一步观察诊断。科学研究、工程事故分析、警察案情分析、军事侦察,乃至社会生活的方方面面都经常做溯因推理,应该关注。从近年来国际逻辑学的发展看,对溯因推理的兴趣在逐步增大。

溯因推理是一类不确定性推理,起因于一果多因或同果异因这种复杂的因果关系,根据已知的结果即症状,在多种可能的致病原因中排除假象,确定真正的病因。症状和病因一般都有模糊性,因与果之间的联系多有模糊性,决定了溯因推理一般都是模糊推理。

设有 m 个可能原因 H_1, H_2, $\cdots$, H_m,它们都可能导致结果 P,溯因推理的形式结构一般为:

如果 H_i,则 P (i=1, 2, $\cdots$, m);

P;

———————————————

所以,疑是 H_k。 (7.32)

《红楼梦》第六十九回有一段文字描写尤二姐遭王熙凤暗算引起周围人的不同反应:"园中姊妹如李纨、迎春、惜春等人,皆为凤姐是好意;然宝、黛一干人,暗为二姐担心。谁都不便多事,惟见二姐可怜,常来了,倒还都怜恤他。每日常无人处,说起话来,尤二姐便淌眼抹泪,又不敢抱怨,凤姐儿又并没露出一点坏形来。"其中宝、黛等人的思想活动就包含着模糊溯因推理,我们把它简化表示为:

有坏心者应有坏形;
未看出凤姐儿有一点坏形;
───────────────

所以,凤姐是否使坏心不敢确定。 (7.33)

这是一种典型的不确定性推理,它的溯因过程包含三重不确定性。其一,来自尤二姐和园中姊妹一干人对"有坏心者有坏形"的断定并无十分把握。曹雪芹与他笔下的那些聪明女性们心里明白,一般人有了坏心往往会形之于眼神、脸色或行为动作,只要留心观察即可发现;但那些工于心计如王熙凤者,常常能够做到有坏心而无坏形,你心有疑虑却抓不住证据。所以,在大前提中不用"必有"而用"应有",带有不确定性。其二,来自因果关系的模糊性,一个确定的结果可能对应着多个原因,推理过程完结后得出的应是在多个可能答案中进行选择,不论选取哪一个,得出的结论都是一种疑是判断。其三,来自

七、模糊推理

推理所用命题的模糊性,因为"坏心"和"坏形"都是模糊概念,两个前提都是模糊命题。三方面的不确定性叠加起来,加上凤姐位尊权重,尽管人命关天,宝、黛都心存疑问,但谁都不敢明说她有坏心。

诗人在作品中常常使用模糊溯因推理。名句"隔墙花影动,疑是玉人来"(王实甫:《西厢记》)即一例。诗作中的主人翁,在无风的夜晚看到花影颤动这个现象(结果),但为墙所阻隔看不真切,便开动思维机器进行逻辑推理。造成花影摇动的原因有多种,可能是急切盼望见到的玉人匆匆走来碰撞的,也可能是在花丛中的其他人,甚至猫狗之类的动物碰撞的,不能确定,只能推断出用"疑"、"似"或"应"等词加以修饰限制的结论,表达某些不确定性。由于急切期盼玉人到来的心情在起作用,使主人翁在多种可能原因中选择了"玉人来"这个因;用非线性动力学术语讲,这叫作诱导性对称破缺选择。

宋代诗人潘阆的《夏日宿西禅院》中的句子"夜凉如有雨,院静若无僧",是两个由类比推理得出的模糊判断,带有疑似成分。苏东坡少年时在某村院壁上看到这两句,颇为赞赏,留下很深印象,成年后的某日凭记忆写成"夜凉疑有雨,院静似无僧",并以"知是何人旧诗句,已应知我此时情",表达思想上的共鸣。虽然记错两个字,用"疑"代"如",用"似"代"若",却使两句诗变成两个典型的疑是判断,即两个模糊溯因推理得出的结论。疑、似两字比如、若两字更准确地表示出溯因推理的特点，推理得到的结论只能为疑是判断。

在古典诗词中，使用疑、似两个字的句子，即用疑有、疑无、似有、似无、疑是、疑非、似是、似非等引出的句子，几乎都是溯因推理得出的疑是判断，例如：疑是银河落九天（李白），疑有碧桃千树花（郎士元），青山缭绕疑无路（王安石）等。诗人喜用溯因推理，是由于溯因推理结论的多样性、不确定性，也就是疑似性，为文艺创作过程发挥想象力提供了广阔的空间。文艺家为情所迫，以情纬文，力图借某些外在的景致或事件来抒情、达意、明志，在多种多样可能的原因中做出选择时，他们看重的不是科学意义上的真假，而是是否注入真情实意和美学韵味，即艺术的真假。王国维谈论诗词创作时指出："有我之境，以我观物，故物皆著我之色彩。"确定性推理推出的结论是唯一的，无法把主体的感情色彩注入客观事物；唯有溯因推理的不确定性提供了这种可能性，多种可能的原因中哪一个最能表现作者情感意愿，即使其可能性最小，也会被作者优先选中。人们在诗词中常常看到所谓无理而妙的情形，溯因推理就是其成因之一。

原则上说，溯因推理也可以用模糊关系合成运算给以定量的描述。数学把运算对象包含未知项的等式称为方程。考虑到结论是未知的模糊判断，宜用 $\underline{X}$ 表示，推理（7.29）可以表示为：

$$R \circ S = X \quad (7.34)$$

它的逆问题是，已知作为原因之一的模糊关系 R 和作为结果的模糊关系 S，求得作为另一原因的模糊关系 X，其形式化表示为：

$$R \circ X = S \quad (7.35)$$

(7.35) 被称为模糊关系方程，溯因推理就是解模糊关系方程 (7.35)。如果 R 为非对称关系，模糊关系方程的另一种形式为：

$$X \circ R = S \quad (7.36)$$

更常见的是描述混合关系推理的溯因推理。已知作为前提的模糊关系判断 R 和作为结论的模糊性质判断 B，求得作为原因的模糊性质判断 X。形式化表示为：

$$X \circ R = B \quad (7.37)$$

解这个关系方程，可得出作为原因的模糊性质判断 X。

7.7 从发明叩诊谈起
——类比推理的模糊性

你因感觉胸部不舒服而到医院就诊。医生要你仰卧床上，把她的左手按在你的胸部,用她的右手指敲击她的左手指,同时细心地辨听敲击发出的声音,就能够对你的病情做出比较准确的断定。这叫作叩诊,是一种常用而有效的诊断方法,它的发明者是 200 多年前的一位奥地利医生。由于经常解剖尸体,这位医生注意到许多人病死后胸腔内有大量化脓积水现象,渐渐产生出一个想法:如果能够及早了解病人胸腔的积水情况,一定有助于确诊病情,给以有效的治疗,有些病人就可能免于死亡。在反复思考的过程中,一个念头突然闪现在他的脑海:既然当地人根据手指叩击木制酒桶发出的声音可以估计出桶中有多少酒,为什么不能用同样的方法去估计病人胸腔的积水量呢?经过反复试验摸索,他终于创造出叩诊技术。在此过程中,这位洋医生创造性地运用了以下逻辑推理:

  酒桶与人的胸腔都是近乎封闭的桶状物,叩击时都会发出声音;

  叩击酒桶能够估计桶内藏酒量;

  因此,叩击胸腔也能够估计病人胸腔内的积水量。

(7.38)

  逻辑学把这种思维形式称为类比推理。类比推理是创造性思维的重要形式,有助于开启思路,诱发灵感,因而是传统逻辑经常讨论的内容。类比推理要解决的逻辑问题是:已知两个

(或类)事物 A 和 B 具有若干相同或相似的属性(前提 1),A 还具有另一种属性 q(前提 2),由此推断 B 也可能具有属性 q。其一般形式可表示为:

A(类)对象与 B(类)对象都具有属性 $p_1, p_2, \cdots, p_k$;

A(类)对象还具有属性 q;

所以,B(类)对象也可能具有属性 q。 (7.39)

类比推理就是俗话说的"依此类推",所用命题可以是精确的,但只要推理依靠的类似关系有模糊性,推理规则就有模糊性、不确定性,跟演绎推理有明显的不同。类比往往是以某种模糊关系为前提进行的推理,不同事物之间的比较如果能够完全精确描述,它就不再是类比。大量的类比推理所用概念和判断也是模糊的。在发明叩诊的例子中,人的胸腔与我们常见的木桶、竹桶、铁桶只有相当模糊的相似关系,所谓桶状物、封闭都是模糊概念,敲击手指的声音也难以定量化,全靠医生凭经验模糊地判断,因而具有更多的模糊性,是一种典型的模糊推理。

传统逻辑向来强调类比推理的结论不一定成立,但相关的逻辑分析颇不充分,把类比推理作为逻辑学的必要而且重要的内容,这本身已经是逻辑学对精确性要求的一种妥协,即一定程度上对不精确性的认可。传统逻辑在对类比推理做逻辑分析时，一方面提出"类比结论的可靠性程度"和"相同属性与推出属性之间的相关程度"问题，承认面对的是一个程度问题；另一方面又坚持按照二值逻辑判定结论的可靠性，只讲"类比结论是或然的，也就是说可能为假"，不涉及模糊性。这就难免陷入逻辑困境。模糊理论对混淆随机性和模糊性的观点提出批评已50多年，看来至今仍然未被主流逻辑界接受。解决问题的出路是转变科学态度，承认类比关系的模糊性，把模糊性当成模糊性去处理。

7.8 解开秃头悖论之谜

有了前面的知识准备，现在可以解开秃头悖论的谜团了。仍看 (1.1)，说 $A_0 \triangle$ "一发皆无者为秃头"毫无疑义是真命题，真值 $v_0=1$。说 $B \triangle$ "比秃头多一根头发者还是秃头"为真命题就需要推敲，这个关系判断非常非常真但不完全真，其真值应非常非常接近1，但小于1。以 A_0 和 B 为前提构成的混合关系推理多少具有一些不精确性，所得结论 $A_1 \triangle$ "有一根头发者仍是秃头"，也是非常非常真但不完全真的命题，其真值 v_1 应非常非常接近1，但小于1。A_2 的真值比 A_1 小，一般地，A_n 的真值比 A_{n-1} 的真值小，于是有：

$$v_0 > v_1 > v_2 > \cdots > v_{n-1} > v_n > \cdots \qquad (7.40)$$

这就是说，在连锁推理 (1.1) 中，每进行一次推理，结论的真值就减小一点,虽然减小的量微乎其微小,单就每一步看都可以忽略不计;由于不断积累,偏差越来越大,真值越来越小,积微成著,不知不觉就变得不可忽略了。令

$$v_1 = 1-\varepsilon \tag{7.41}$$

ε是一个极其微小的正实数。假定第 k 步推理所得结论的真值为:

$$v_k = v_{k-1}(1-\varepsilon), k=1,2,\cdots,n,\cdots \tag{7.42}$$

于是有:

$$v_n = v_0(1-\varepsilon)^n \tag{7.43}$$

当 n→∞时有:

$$v_n \to 0 \tag{7.44}$$

就是说,随着推理步骤的无限增加,真值逐渐趋近于 0,结论越来越成为假命题了。但这是一个渐变过程,任何一步都不是关节点。

数学界有一种共同的心理习惯,觉得越短的证明越可靠,对于太长的证明总是不大放心。秃头悖论的解谜使人们窥见其中的原委:证明的步骤越多,在某一步上无意识地使用了某个非常非常真但不完全真的论据的可能性就越难以排除,导致整个证明失效的可能性就存在。

7.9 说说模糊"若—则"规则和模糊条件语句

模糊蕴涵句"若 A，则 B"是对模糊因果关系的一种语言表达，A 为因，B 为果，最常用的假言推理就是由因及果。在现实生活中，人要靠经验来判断事物和制定行动方案，而经验一般都是以模糊规则"若 A，则 B"的形式表达出来，并存储于头脑中的，例如：

骑自行车的人："若前面的行人靠右走，则车把略微向左转一点。"

老年人："若头天夜里没睡好，则次日早晨起晚点。"

数学老师："若课堂时间宽裕，则多讲些例题。"

每个人头脑里都存储着许许多多这类模糊"若—则"规则。说某人有经验，就是说他头脑里存储着大量模糊"若—则"规则。人在面对现实问题时，根据不同具体情况提取不同的"若—则"规则，进行模糊规则的演算，使自己的思想和行动适应充满不精确性和不确定性的现实世界。

把模糊蕴涵 $A \rightarrow B$ 推广，得到较为复杂的模糊判断"若 A 则 B，否则 C"，称为模糊条件语句。例如，"若 x 轻，则 y 重；否则，y 不很重"。又如，"若人不犯我，则我不犯人；否则，人若犯我，我必犯人"。与模糊蕴涵 $A \rightarrow B$ 一样，模糊条件语句

"若 A 则 B，否则 C"，也可以用适当的模糊关系表示。有各种各样的表示方式，此处只介绍一种。令 p△ "x 是 A" 为论域 U 上的模糊命题，q△ "y 是 B" 和 s△ "y 是 C" 均为论域 V 上的模糊命题。以 R 记模糊条件语句"若 A 则 B，否则 C"表示的模糊关系，定义为：

$$\mu_R(x,y) = [A(x) \wedge B(y)] \vee [1 - A(x) \wedge C(y)] \quad (7.45)$$

目前在工程技术中实际应用的是多级模糊条件语句：若 A_1，则 B_1；否则，若 A_2，则 B_2；……；否则，若 A_n，则 B_n。多级模糊条件语句仍然可以表示为模糊关系：

$$R = A_1 \rightarrow B_1 \vee A_2 \rightarrow B_2 \vee \cdots \vee A_n \rightarrow B_n \quad (7.46)$$

用模糊集合把 R 数值化，就可以按照模糊关系合成规则表示多级模糊条件语句，用以描述模糊控制规则，通过计算机执行这类规则，即可实现对系统的模糊控制。

八、模糊论证

论证理论是传统逻辑的四大组成部分之一。论证包括证实真命题和证伪假命题两类。无论证实还是证伪，都有精确论证和模糊论证的区别。把模糊性引入逻辑学，相应地就应该有模糊论证理论。但在迄今为止的模糊逻辑文献中尚未见到对它的专题研究，甚至没有明确提出把模糊论证作为一个研究课题，倒是在传统逻辑著作中可以看到一些论述，尽管理论上不愿意明确承认模糊性在论证中的逻辑意义，实际上却是模糊论证。

8.1 无法避开的模糊论证

相信您一定读过著名的《伊索寓言》，还记得那个绝顶聪明的伊索吧。伊索是个奴隶，他的主人叫格桑，相当富有、傲慢

八、模糊论证

而又愚蠢。在一次喝醉酒以后,格桑吹嘘自己的酒量如何如何大,竟口出狂言,说他能把海水喝干。别人不信,他就以自己的全部财产为赌注来打赌,一时轰动全城。酒醒后的格桑为自己的狂言懊悔至极,但全城人都聚集在海边等着看格桑如何喝干海水,他毫无对策,急得如热锅上的蚂蚁。眼看败局将定,不仅颜面丢尽,尤为严重的是自家的万贯家产将顷刻化为乌有,极为严峻的事态迫使这位高傲的奴隶主不得不屈尊向奴隶伊索求援。这事自然难不住伊索,他眉头一皱,给主人想出一条妙计。伊索要解决的是一个如何论证自己的主人有理由不兑现诺言的问题。他告诉格桑,你去对众人说,我允诺的是喝干海水,但这里有条河通向大海,只要有人能把河水与海水分开,我就可以把海水喝干。在场的人都无法把河水与海水分开,只得允许格桑体面地收回自己的诺言。伊索利用河水和海水界限不分明这种模糊性,确证格桑兑现诺言的必要前提不具备,从而帮助主人保住了颜面和财产。从逻辑上看,这个论证的结构很简单,但相当有力地显示出模糊性在逻辑论证中的特殊价值,值得深入研究。

科学研究需要模糊论证。恩格斯说:"只要自然科学在思维着,它的发展形式就是假说。"[1] 这是千真万确的。科学假说是一种疑是判断,要通过逻辑论证和实践检验才能判定其真伪。

---

[1] 恩格斯. 自然辩证法. 北京:人民出版社,1963:267.

无论是论点（假说）的形成，还是在实践检验确认后的理论阐述，都需要大量的逻辑论证，其中少不了模糊论证。精确科学的假说或猜想是用精确概念表述的，如数学中的哥德巴赫猜想、费马猜想等，它们的证明也必须用精确的论据和推理规则来进行。但大量的科学假说或猜想是用模糊概念表述的，无法用精确方式论证。即使精确科学，在假说形成过程中也少不了使用模糊论证。

以地球物理学著名的"大陆漂移说"为例，魏格纳最初提出时所根据的基本事实（论据）之一，是南美洲与非洲大陆之间的海岸有<u>显著的吻合</u>。吻合是一个模糊关系概念，显然是一个模糊限制词，共同构成一个典型的模糊判断。为论证这个假说，魏格纳还做了一个比喻：如果两片撕开的报纸按其参差的毛边可以拼接起来，而且印刷在上面的文字也可以相互连接，那就不得不承认这两片报纸是由一整张报纸撕裂而成的。这是一个颇具说服力的模糊类比推理。从少数几个类似的事实出发，通过模糊类比推理，魏格纳对"大陆漂移说"提供了初步支持。后来的人们又收集了许多新的论据，如大西洋两岸的古生物种<u>几乎相同</u>，南极洲、大西洋和印度洋的大陆可以<u>很好地拼合起来</u>，等等，尽管仍然是一些模糊判断，但都给"大陆漂移说"提供了更有说服力的论证，最终使这一学说得到普遍认可。

教学活动离不开模糊论证。苏教授应邀为某研究生的毕业论文作评审。教授认真研读论文后得出的结论是：该论文基本上达到参加答辩的水平。他从四个方面对这个评语（论点）进行了论证：选题意义，观点有无创新，论述是否有足够的说服力，语言表达如何。由此而形成四个论据：论文选题有较大的理论意义；观点有若干创新；论述很有逻辑性，说服力较强；同时指出作者语言表达能力欠缺，洋化的汉语太多，今后应加强语言能力的训练。这就是模糊论证。您不妨查看一下某些部门关于学术成果鉴定的文件，其中提出的要求、规则、标准等往往是模糊的，依据它们进行的判别和论证都离不开模糊逻辑。此外，制定教学大纲、出考试题、评审教学质量，特别是在课堂上讲解课文，都需要模糊论证。特别地，数理逻辑学家常常以精确性傲世，如果你查查他们给出的论文评语，几乎都是模糊论证。

其实，各行各业的工作都离不开模糊论证，您不妨就您的行业做点考察。人们的日常生活大量使用模糊论证。居家过日子，大者如买房子或帮子女选择大学和专业，小者如买什么样的衬衣或周末旅游，都需要提出方案，加以论证，以便做出令人满意的决策。这类论证都避不开模糊性，无须也无法进行数理逻辑要求的那种精确论证，只是人们不自觉罢了。

8.2 模糊论证结构的系统分析

论证是一种由判断、推理构成的系统，一个以真判断为前提的推理就是一个最简单的论证，推理已给出基本的分析。论证理论主要研究由诸多判断和推理构成的复杂思维系统，需运用系统原理来分析。系统的内在规定性由要素和结构决定，系统分析首先是要素分析和结构分析，结构分析更重要。论证作为逻辑系统亦如此。

系统论的要素分析首先是确定系统的要素，也就是把系统还原到要素。要素分析应该遵循一个原则，就是"还原到适可而止"[①]。论证是由论题生发出来的，但论题不进入论证结构，因为在同一论题下可引出诸多不同甚至对立的论点，分别构成不同的论证系统。不管是精确论证，还是模糊论证，通常划分为论点、论据和论证方式三大要素即可，论点和论据都是判断，论证方式即推理形式，都无须把论证还原到概念层次。模糊论证的论点必定是由模糊判断构成的，以模糊逻辑手段去论证一个由精确判断构成的论点，在逻辑上必定无效，因而是不允许的。模糊论证的论据也应具有模糊性，更准确地说，至少部分论据应具有模糊性，如果所有论据都是精确的，就无法构成模糊论证。一个模糊论点的论证需要运用模糊推理，典型的模糊论证一定（至少部分地）要使用典型的模糊推理规则。概括地讲，使用模糊论据，通过带有模糊性的论证方式（推理规则），去证实或反驳一个模糊论点，这种思维形式或过程及其语言表

---

① 钱学森. 钱学森书信集：第2卷. 北京：国防工业出版社，2007：150.

达方式就是模糊论证。其中，起重要作用的是论证方式的模糊性。

论证方式是论据和论点之间的联系方式，也就是论证作为系统的整体结构方式。较具复杂性的系统，包括较为复杂的论证思维系统，都是由多个分系统、多个层次构成的，了解系统的结构一定要考察这些分系统，特别是分析层次。一个三层次论证系统的可能结构方式如下所示：

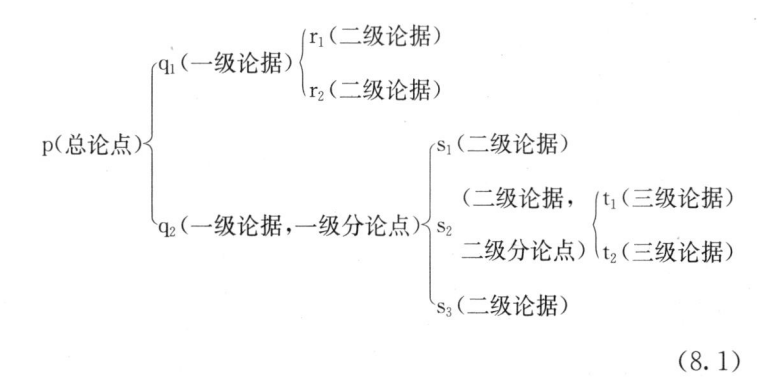

$$p(总论点)\begin{cases} q_1(一级论据)\begin{cases} r_1(二级论据) \\ r_2(二级论据) \end{cases} \\ q_2(一级论据，一级分论点)\begin{cases} s_1(二级论据) \\ s_2(二级论据，二级分论点)\begin{cases} t_1(三级论据) \\ t_2(三级论据) \end{cases} \\ s_3(二级论据) \end{cases} \end{cases}$$

(8.1)

同一层次的论据可能是同类或异类的判断，如性质判断与关系判断，正判断与负判断，等等。上一层次的论据构成下一层次的论点，需要通过推理来实现不同层次之间的联结过渡。推理的形式各种各样，有同质的，也有异质的，如演绎推理与归纳推理，选言推理与假言推理，确定性推理与不确定性推理（包括统计推理），精确推理与模糊推理，等等。把如此众多而有明显差异的要素组织、整合为一个论证系统，论证方式的模糊性就难以避免了。

模糊学认为，模糊性常常联系着复杂性，随着对象复杂性的增强，我们碰到模糊性的机会也增大。从追求精确性的经典逻辑中也可以看到这一点，尽管逻辑学家并未意识到，常常把模糊论证当成精确论证来处理。传统逻辑学是按照概念→判断→推理→论证的层次由低向高构筑其理论体系的，随着体系由低向高的过渡，模糊性的出现越来越频繁、明显、强烈。在精确逻辑的概念论中，人们常常可以见到严格、发达、粉红之类模糊概念，因为它们可以在一定范围内（概念的核心 Ker）被当作精确概念；但逻辑学家有意避开很开明、比较落后、非常可爱、有点可惜之类模糊概念，因为精确逻辑没有能力对很、比较、非常、有点等限制词做逻辑分析。但到推理层次上避开模糊性就不那么容易了，特别是归纳推理、类比推理等，讨论这类问题难免会面对模糊性，坚持精确性要求就得把这些问题排除于逻辑学之外。到论证层次，模糊性就更明显了。系统论认为，多层次结构是复杂性的重要来源。把诸多同质或异质的论据和推理按照多层次结构方式组织、整合为一个复杂的论证系统，即使要素层次的近似性、模糊性、不确定性比较弱，也必定会在系统整体层次提升中涌现出比较强的近似性、模糊性、不确定性，迫使逻辑学在论证层次上降低对精确性的要求，直接同模糊性打交道，只是他们有意或无意地把模糊论证当成精确论证对待而已。这从一个侧面说明模糊逻辑是一种处理复杂性的逻辑。

首先,考察逻辑学家给论证下的定义:论证是运用真实的或者至少是可以接受的理由,去论证某个论点或结论的思维过程及其语言表述形式。尽管"真实的"实际上也是程度问题,如果不加上"至少是可以接受的理由"这个限制词,把它视为精确定义还是可以接受的。但"至少是可以接受的理由"的模糊性是无法消除的,精确逻辑不允许如此定义它的基本概念。逻辑学家之所以这样做,在于他们不得不对模糊性有所妥协。也就是说,一旦到达论证层次,独尊精确性的逻辑学家也不得不同模糊论证打交道。明明在做模糊论证,却自称为精确论证,这不是科学的态度。

其次,传统逻辑的论证理论差不多都是精确与模糊参半并存的。例如,真实性明显的判断,论据和论点区分的相对性,不同的可靠性程度,不完全可靠,论据支持论点的强度,论据在一定程度上支持结论,归纳强的,归纳弱的,论证的前提至少是论辩双方共同接受的,等等,这类模糊的用语、概念、逻辑原则、逻辑标准等,只有承认模糊性它们才具有逻辑的合法性。逻辑学家在没有明确引入模糊性的前提下大量使用它们,也是在事实上向模糊逻辑靠拢。因为如果拒绝使用这类概念和用语,逻辑学论证理论的大部分内容将无法讨论,论证理论也就不成其为理论了。

最后，本书提到的几本国内流行的逻辑学著作或教材在阐述论证理论时，所举例子大多都是模糊论证，这里就其中的一个例子①略加考察。

问题：水上滑板是否应受到严格管理？

论点：倾向于对水上滑板进行严格管理。

这显然是一个模糊论断，不仅因为严格管理是一个程度问题，而且还有一个判定化算子"倾向于"，只有模糊逻辑才有可能对这些成分提供逻辑分析。

一级论据一：粗略地看，这是一个两层次论证系统。一级论据之一"水上滑板极其危险"，也是模糊判断，"危险"已是一个模糊概念，再用"极其"做限制词，更增加了判断的模糊性。以它为一级论点，有以下三个二级论据提供支持：

（1）"操作者会撞死自己或旁人"。这是一个统计判断，具有概率不确定性。

（2）"大多数水上滑板操作者毫无经验"。这是一个模糊判断，"大多数"是很难定量表达的模糊量词，谓词"毫无经验"是语言变量"经验"的一个语言值，二者合成的结果，使这个论据的真实性需要用模糊真值来衡量。

（3）"滑板的日益普及导致水道拥挤，越发积重难返"。这

---

① 陈波. 逻辑学是什么?. 北京：北京大学出版社，2002：221.

是一个模糊条件句，日益、普及、拥挤、积重、难返、越发等都是模糊概念。

一级论据二："水上滑板给环境造成极大的扰乱"。"扰乱"已是一个模糊概念，加上限制词"极大的"，形成一个只有模糊逻辑才可能给予细致、准确分析的模糊判断。

一级论据三：按照系统论的整体涌现原理，分系统诸如此类的模糊性，经过层次结构方式的整合而形成较为复杂的论证系统，将会生发出更多的近似性、模糊性、不确定性，不能苛求整体论证具有百分之百的可靠性，得到足够真实的结论即令人满意，可以据之做出决策了。

由以上三方面的论述引出的结论是：随着逻辑思维结构复杂性增长到论证层次，模糊性已成为精确逻辑学家无法回避的东西，他们事实上早就从逻辑学向来倡导的严格精确性要求上退了下来，自觉或不自觉地承认了模糊性，只不过未加言明罢了。

当然，精确论证与模糊论证的界限也是模糊的，不可能做一刀切的划分。传统逻辑涉及的一般是那些模糊性不太典型的模糊论证，典型的模糊论证还需要模糊逻辑来研究。这也是一片尚未耕耘的荒原。

8.3 模糊论证的建构

建构论证的前提之一是论者与听者（包括阅读者）之间既

有共识，又有歧见。但有无共识是一个程度问题，没有任何共识无法进行论证，达成全面共识则无须论证，彼此之间存在既有共识又有歧见这种模糊状态，才有必要并且有可能进行论证。消除这种模糊性，达成全面的共识是论证的目标，但大多数情况下经过论证后的共识只要达到令人满意的程度，论证就算是成功的，并不一定要求达成百分之百的共识。这是模糊论证理论的一条原则。

逻辑和数学精确化的基本手段之一，是理论体系的公理化，即把少数不加证明的元命题作为公理，从公理出发严格推导出理论体系中的其他真命题。逻辑学家和数学家深信，这样建立的理论体系足以把模糊性完全清除。但是，现代科学理解的公理已不是不证自明的命题，而是基于一定考虑所选择的假设，它们的真实性是有条件的。以著名的欧氏几何平行公理为例，在地球人考察的宏观范围内，"两条直线永不相交"是真命题；到了相对论考察的宇观范围内，它就不再是真命题。但在宏观和宇观之间并不存在一个明确的尺度，跨过该尺度"平行公理"立即由真命题变成假命题。就是说，"平行公理"实际是一个模糊命题，它由真到假是逐步变化而非突然跳跃的。所有的公理都具有这种秉性。看来，精确逻辑的核心部位已存在模糊性，真可谓精确与模糊相互依存，"精确兮，模糊所伏；模糊兮，精确所依"。

八、模糊论证

在尘世生活中，人人需要论证，事事、时时需要论证。这也可以算作一个公理。由这个公理出发足以断言：如何利用模糊性建构正确而有力的论证，是模糊逻辑必须回答的问题。在目前条件下可以做的工作是，在传统论证理论中公开引进模糊性，使之模糊化。

（1）确立论点

如果论点本身是模糊判断，首先要给出准确的表述，特别是作为语言算子的程度副词和模糊量词的准确选择，判断者需要在语言上下功夫。以关于干部队伍状况的评价为论题，论点的确立就需要在模糊量词和模糊谓词的选择上下功夫，量词要在全部、绝大部分、大部分、很多、部分、少数、很少、个别、没有一个等语词中间进行选择，评语要在最好、非常好、相当好、好的、比较好、不太好、很不好、坏、非常坏、坏透了等语词中间选择。这里容易出现的逻辑错误是混淆不同语言变量，或把名称相同但基础变量的尺度即论域不可比的不同语言变量混为一谈，如第七章第7.3节中所讨论的情形。

模糊论证中如何保持论题同一性也有特点，完全转移论题（暗换语言变量）是不许可的，缺论也是逻辑错误。但所谓"扩大论题"和"缩小论题"不可一概判定为逻辑错误。对于模糊论证来说，有意义的不是扩大或缩小论域，而是改变隶属度在论域上的分布。

(2) 梳理论证结构

复杂论证具有多分系统、多层次的结构，由于分系统划分特别是层次划分的模糊性，确定论点、论据和论证方式一般都有很多困难。首先应对论证系统的结构做大略的分析，划分主要的层次，划分每个层次上的不同分系统（论据），明确分系统之间、层次之间的连接方式。但最终采用的论证结构并不是一开始就能设计好的，需要在推敲论据、构建论证方式的过程中对前面的设计进行检验、修改，如此反复进行多次，论证结构才能定下来。

(3) 寻找和推敲论据

在传统逻辑的论证理论中，论据的真实性被二值化。在模糊逻辑中，我们既然承认模糊判断的真实性是个程度问题，对于用自然语言表述的论证，就不能拒绝使用作为论据的模糊判断，那些虽然不绝对真但非常非常真的判断，往往都是极有力的论据。即使部分真的论据也有用，至少可以削弱对方论证的可信程度，对己方论证提供一定程度的支持。观察国外的选举不难发现，竞选中大量使用带有不同程度的模糊论据进行论战，运用得当，对于争取中间选民起很大作用。特朗普能够战胜希拉里，至今能够顶住美国主流精英的压力，与他比较善用模糊论证有关。科学技术也需要模糊论证，即使重大工程项目，如我国的"两弹一星"、"863"计划、载人航天的"921"工程等，当初的论证方案中也不可能全部都是定量化的精确论据，用自然语言表述的、带有模糊性的论据不可少。

8.4 模糊论证的评估

论证需要评估。学者之间、学派之间给对方的论证进行评估，是推动学术进步的重要机制。流行的所谓国际大专辩论赛，是发现和培养高级辩才的有效途径。它的一个重要环节是评委们对各方论证的评估。论证者建构自己的论证系统也需要自我评估，通过评估排除论证中的逻辑毛病，完善自己的论证。

除了数学的形式化演绎证明和完全归纳法证明之外，论证很难避免模糊性，越是复杂性的论证就越难避免模糊性。这种论证固有的模糊性，带来了评估标准、评估方法和评语的模糊性，迫使传统逻辑的论证评估理论不自觉地处理论证评估中的模糊性，他们讲的论证理论在相当程度上已属于模糊逻辑。

即使在传统逻辑中，归纳证明的论证规则本身也难以避免模糊性，非形式化论证都难免有模糊性。"两弹一星"计划的论证，三峡工程的论证，嫦娥工程的论证，从计划经济转向市场经济的必要性和可能性的论证，等等，一切复杂的实践活动和工程项目的论证，都是带有模糊性的论证，不可能等到论证的理由完全充分、令所有人都信服后再实施，工程启动时都带有一定程度的风险。对这类论证进行评估不能苛求精确性，必须承认模糊性。要求国际大专辩论赛的评委们把评判定量化、精确化,是办不到的。

莱布尼茨提出的理由充足律,被多数逻辑学家视为逻辑的一条基本规律。如果此一断言成立,它应当归属于模糊逻辑。因为从总体上看,逻辑论证的理由充足与否是个程度问题,有些论证是理由完全充足的,有些论证是完全站不住脚的,绝大多数论证介于二者之间,既有一定理由,又不完全充足。从科学知识发生、发展的过程看,就是所谓精密科学,在科学研究的实践过程中,科学假说的提出,研究课题的确立,研究方案的制定,挫折和事故原因的分析,都需要反复论证,只有获得学术界公认的那些凝结于论文、专著、教材即文本中的论证才算理由完全充足的。四色猜想、费马猜想的论证已经是理由完全充足了,但哥德巴赫猜想,经过陈景润等人的努力,在"1+1"情形下的论证达到了理由充足,而在最后一步尚未达到之前,总体上仍然是不充分的。至于非精密科学,特别是哲学社会科学和人文科学,那里的论证一般都不是要么理由完全充足,要么理由完全站不住脚,从前者向后者是逐步过渡的,存在各种中间情形。

用模糊逻辑的语言讲,理由充足是一个语言变量,它的语言值集合为:

T(理由充足) = {完全充足,极为充足,非常非常充足,
非常充足,十分充足,相当充足,充足,比

较充足,不太充足,不充足,不很充足但也不是很不充足,很不充足,极不充足,完全站不住脚,…} (8.2)

当然,传统逻辑的论证理论只是不自觉地承认了论证评估中的模糊性,没有也无法给这种模糊性做出逻辑分析和规范。这是模糊逻辑的任务,但目前尚无相应的工作。

8.5 模糊定义、模糊定理、模糊证明

只要上过中学,你就懂得所谓数学定理,是那些用精确定义的概念表述的、经过严格逻辑推理论证证明为真的命题。一个数学命题首先以猜想即假设的形式提出,然后寻找适当的逻辑证明方法,被证明为真的命题才能作为定理进入数学理论的大厦。数学定理揭示出命题的前提与结论之间的必然联系,命题的表述和证明追求完全的确定性、明晰性,排除一切不确定性、含糊性。诚如札德所说,数百年来的科学教育训诫人们必须坚持精确性,力求得到能被叙述为定理的结果。即使目前的模糊数学,基本概念也都是在模糊集合论基础上明确定义的,除了在确定隶属函数时考虑对象的模糊性之外,其余环节,包括概念的定义、定理的表述和定理的证明等,都不允许存在模糊性,与精确数学无异。在此意义上,现在的模糊数学追求的仍然是精确的定理,仍然属于精确数学的一个分支。

然而，既然模糊逻辑承认部分真的命题也有意义，修正定理的传统含义，使定理及定理证明模糊化，就是模糊逻辑的题中应有之义。模糊逻辑认为，从假命题到真命题不是突然转变的，而是逐步改变的，一切真值大于 0.5 的命题都有某种意义，特别要重视那些虽然不是完全真但非常真的命题，人类在现实生活及人文社会科学中使用的原理、定律等，几乎都是这种意义上的真命题，极少有可能像数学定理那样能够获得严格的逻辑证明。

一个真值非常高的模糊假言命题"若 A 则 B"，被称为模糊定理。用模糊论证方式近似证明一个模糊定理的逻辑操作，称为模糊证明。用模糊语言定义概念，用模糊概念塑述定理，用模糊论证方式证明模糊定理，这样建立的数学理论，被札德称为模糊数学的模糊理论，现在的模糊数学属于模糊数学的精确理论。下面用札德讨论过的一个例子来说明什么是模糊定义、模糊定理和模糊证明。先看几个模糊定义的数学概念。

(1) 模糊直线段。请你在纸上用手画一条从点 A 到点 B 的直线，记作 AB，实际画出来的一定不如用三角板画的直线那样直；放大看，应是像图 8.1 那样的一条通过 A 与 B 的近似直线段 AB。令 d 代表从近似直线段 AB 上的点到精确直线段 AB 的距离，把距离作为语言变量，只要 d 相对于 AB 的长度是小的，就称近似直线段 AB 为一条模糊直线段。

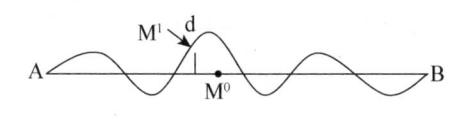

图 8.1　模糊直线段

（2）直线段中点。令 M^0 记精确直线段 AB 的中点，M^1 记模糊直线段 AB 上的一点，如果 M^1 到 M^0 距离是小的，就称 M^1 为模糊直线段 AB 的模糊中点，或称近似中点。

（3）模糊三角形。设 A、B、C 是平面上不在一条直线上的三点，由模糊直线段 AB、BC、CA 顺序连接成的图形，如图 8.2 所示，叫作模糊三角形，记作 △ABC。

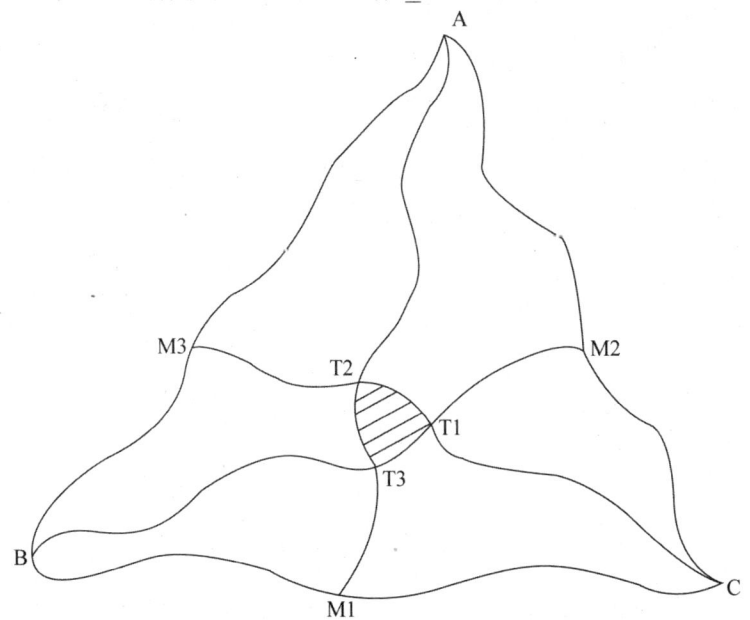

图 8.2　模糊三角形

几何学有一个定理称，三角形的三条中线相交于一点。将它模糊化，得到以下模糊定理：

设 $\underline{\triangle}ABC$ 为一个模糊等边三角形，其顶点为 A、B、C，令 M_1、M_2、M_3 分别为边 $\underline{BC}$、$\underline{CA}$ 和 $\underline{AB}$ 的近似中点，AM_1、BM_2、CM_3 分别为三条近似中线，则它们形成另一个模糊三角形 $\underline{\triangle}T_1T_2T_3$，与 $\underline{\triangle}ABC$ 相比，$\underline{\triangle}T_1T_2T_3$ 充分小（见图 8.2）。

札德曾给出上述模糊定理的模糊证明，这里不再介绍，有兴趣的读者请参考有关文献[1]。札德认为，建立模糊数学的模糊理论意味着，"获得定理不再是数学的（唯一）目的（这在过去是如此，目前仍然如此）。相反，数学的目的成了做出一些具有高度真理性，但不一定是普遍的或无所不包的真理性的结论"[2]。这一切在目前还只是一种非常初步的设想，远远构不成严肃的理论。但模糊数学的模糊理论的前景似乎相当迷人，最终有可能被证明对各种各样定义不完善的决策过程是有用的。

---

[1] 苗东升. 模糊学导引. 北京：中国人民大学出版社，1987：99.
[2] 同[1].

九、模糊思维

9.1 什么是模糊思维

迷恋精确性而迟迟不愿接受模糊逻辑的人,从拒绝思维的模糊(这是止确的)走向拒绝模糊思维,从坚信精确逻辑才是唯一真正的逻辑这种片面性,走向坚信只有精确思维才是唯一科学的思维方式的片面性,陷入线性思维的泥坑而不能自拔。不过,他们在逻辑与思维的关系上坚持首尾一贯性还是可取的,因为从不承认模糊逻辑而走向不承认模糊思维是合乎逻辑的,承认模糊逻辑而否认模糊思维则是不合逻辑的,属于自相矛盾。

国内外都有一些学者,他们肯定模糊数学和模糊逻辑,却否定模糊思维。在他们看来，思维只能是清晰的，而思维要达到清晰就必须追求精确性，消除模糊性；提倡模糊思维，就是提倡思维的模糊。他们不无讽刺地说：提倡模糊思维的人把思维搞得"模模糊糊"，甚至"糊涂到底"，那还叫思维吗？这使人们想起模糊数学的早期遭遇，当时的许多数学家批评说，数学的特点是追求精确性，你们把数学搞得模模糊糊，那还叫数学吗？但后来的发展证明，这是一种误解，模糊数学不是要把数学搞得模模糊糊，而是要寻找一种描述模糊性的数学框架。类似地，把模糊思维等同于思维的模糊也是一种误解。思维是要清晰的，但清晰不等于精确，未必思维越追求精确它就越清晰。研究模糊思维，目的在于探讨人脑思维如何把握模糊事物的规律性，建立一套描述模糊性的概念框架，而不是把思维搞得模模糊糊。模糊思维也要追求清晰，而且在许多情形下，只有正确对待模糊性才能使思维清晰起来。面对现实存在的模糊性，你若一味追求精确性，你的思维就不可能清晰化。

逻辑学是研究思维的学科之一，模糊逻辑是研究思维如何把握和运用模糊性的逻辑学。既然承认有必要在精确逻辑之外发展模糊逻辑，承认精确逻辑是关于思维规律的科学，那就应当逻辑地承认模糊逻辑也是关于思维规律的科学。两种逻辑的不同，意味着存在两种不同的思维规律，代表两种不同的思维方式。札德早就指出："思维过程中普遍存在模糊性……尽管目

九、模糊思维

前尚未被充分理解，但它在思维过程中有重要位置，是思维的重要特征之一。"[1] 承认模糊逻辑，就应当逻辑地承认模糊思维。承认模糊逻辑而不承认模糊思维的人，在承认模糊性和模糊逻辑方面是不彻底的。我们承认并倡导模糊思维，基于两方面考量：一是由于思维对象的模糊性、思维器官（生理特点、运行机制等）的模糊性以及思维运行环境的模糊性，无论科技如何发达都无法消除它，这就决定了人脑使用模糊思维是不可避免的；二是模糊思维有其突出的优点，具有精确思维无法替代的功能。

模糊思维是相对于精确思维来说的，它们代表思维活动的两种相反的表现形式。需要在两个不同层面上，把精确思维和模糊思维相互比照地加以区分、界定。在第一个层面上，把作为思维对象的模糊事物简化为精确事物来识物想事的思维方式，叫作精确思维；把作为思维对象的模糊事物当成模糊事物来识物想事，亦即把模糊性当成模糊性来识物想事，这种思维方式就是模糊思维。在第二个层面上，把思维活动作为精确系统来规范和运作的，是精确思维，精确逻辑就是为此服务的；承认人脑这个思维器官固有的模糊性，把人脑思维活动作为模糊系统来规范和运作的，则是模糊思维。特别地，按照模糊逻辑规

---

[1] Lotfi A. Zadeh. 模糊集与模糊信息粒理论. 阮达，黄崇福，编译. 北京：北京师范大学出版社，2000：44.

则提炼概念、进行断定、实施推理论证,运用模糊语言加以表达,就是模糊逻辑思维。

思维是人脑对信息进行加工处理的活动。中国人喜欢用歇后语"茶壶里煮饺子,肚里有货倒不出",形容某些人满肚子学问却不会用语言表达出来的思维状态,颇为生动。运用语言文字对感性信息进行编码表达、加工、处理、存储、提取的思维活动,称为言表思维。人们能够自我意识到并自觉进行的思维活动,大多是言表思维。但人人都有这样的体验,头脑中产生某种想法,出现某种意识或形象,就是无法用语言把它表达出来。这种意会到了但无法用语言表达的思维状态,称为意会思维。意会思维必定是模糊的,而且是模糊性最突出、最强烈的思维活动,模糊到不仅不能精确定义,而且不能用自然语言表达,只能借助表情、眼神、手势、动作、体态、态度等给予一定程度的展示。

言表思维因所用语言形式的不同而划分为两种,用精确语言,特别是数理语言表达的是精确言表思维,用模糊语言表达的是模糊言表思维。模糊言表思维又可以大体分为两个层次。请看图 4.3,实线箭头示意的思维运作,所用词语、句子、推理、分析、论证等能够用模糊集合论加以近似定量化描述的,是半定量半定性的思维,属于低层次的模糊言表思维,可以由计算机来执行。图中如虚线箭头示意的思维运作,连这类近似的定量化描述都无法给出，只可做定性分析、推理、论证，是较高层次的模糊言表思维，其机理目前我们了解不多，只能由人脑来执行。设法把意会中出现的理念、意向、美感、志趣等用语言文字（包括文章、诗词等）表达出来，也是一种语言近似，思维者常常感到了然于心，却不能了然于口和手，许多精彩的东西因无法用语言编码表达，不能进入文本中，即所谓言不尽意。这个过程已经不全是逻辑思维，目前我们对其机理几乎没有什么了解。

9.2 模糊思维的基本规律

逻辑学从过高的精确性要求上退下来，承认模糊性，必然在逻辑思维基本规律上有所反映，形成模糊逻辑思维的基本规律。一般认为，同一律、不矛盾律、排中律是精确逻辑的三条基本规律。依据模糊学基本精神，对思维规律也不能搞"精确性崇拜"，上述三条也是模糊逻辑的基本规律，只不过都已模糊化了。

(1) 同一律

要使思维的结果清晰、确定，思维必须满足同一律。精确逻辑的同一律用符号表示为：

$$a = a \tag{9.1}$$

这是一种绝对的同一性，同一就是同一，不允许同一中包含差异，否则就是违反逻辑。模糊逻辑否定了这种同一的绝对性，把同一也看成程度型问题，承认同一中包含差异，同中有异，大同小异。大同指属于同一语言变量，不允许偷换语言变量；小异指不同语言值之间的差异，承认并重视这种差异。这两方面合成一种模糊（近似）的同一性。

在概念层次上，同一思维过程中对同一概念内涵和外延的确定性要求，只在核心 Ker 内是完全的，必须具有同一语言变量表达的那种质的规定性；在边缘 Edg 内则只要求具有一定程度的确定性，内涵（质）还是同样的内涵（质），但不同对象具有该内涵的程度不同，承认这种差异是必需的，而且不会造成概念混淆。考察毛泽东在《改造我们的学习》一文中写下的一段话：

> 如果我们回想一下，我党在幼年时期，我们对于马克思列宁主义的认识和对于中国革命的认识是何等肤浅，何等贫乏，则现在我们对于这些的认识是深刻得多，丰富得多了。[1]

传统逻辑学家认为，这同一段话中尽管使用了肤浅与深刻、贫乏与丰富两对矛盾概念，由于说的是两个不同时期的认识，故不算违背同一律[2]。这样讲似无大错，却未解决问题，只是把逻辑困难从同一阶段转移到同一过程，无法说明认识的发展变化。病根在于把同一律绝对化了。因为就整个新民主主义革命看，这段话说的是同一过程，概念也必须保持自身同一，既讲

---

[1] 毛泽东选集：第三卷. 北京：人民出版社，1991：795.
[2] 蔡贤浩. 形式逻辑. 武汉：华中师范大学出版社，2002：96.

九、模糊思维

肤浅、贫乏，又讲深刻、丰富，以精确逻辑衡量，岂不破坏了思想的确定性？问题在于肤浅与深刻为同一语言变量的两个语言值，贫乏与丰富是另一语言变量的两个不同语言值，都是模糊概念。自身同一是相对的、模糊的，语言变量没有变，浅与深、贫与富之间没有截然分明的界限，大同而小异，满足模糊同一律要求。也正因为具备这种模糊同一性，中国共产党才能在同一认识过程的不同阶段中由肤浅转化为深刻，由贫乏转化为丰富。可见，精确逻辑不能表现同一过程中的发展变化，模糊逻辑则克服了这种局限性。

在判断层次上，精确同一律要求出现在同一思维过程中的判断必须保持内容的前后一贯性。模糊逻辑弱化了这个要求，允许同一推理过程中出现谓词为同一语言变量，但语言值不同的判断，如 x 大、x 不很大、x 极大等，以一个代替另一个不一定是逻辑错误。在模糊推理中，只要保持语言变量同一，出现语言值的不同不算偷换概念，前提中允许的差异，可以逻辑地转移到结论中，前提的真值也就合乎逻辑地（但近似地）流动到结论中。比较典型的是混合关系推理：

若 x 大，则 y 小；

x 不很大；

所以，y 大约不很小。　　　　　　　　　　(9.2)

如此推理，在精确逻辑中被当成违背同一律，在模糊逻辑中则受到充分肯定。

(2) 矛盾律

精确概念 A 的外延与其否定概念 ¬A 的外延的交集必定为空集：

$$A \cap \neg A = \Phi \tag{9.3}$$

在精确判断论中，这意味着命题"x 是 A"和否定命题"x 是 ¬A"不能同时为真，否则就是逻辑错误。在精确逻辑中，矛盾律的逻辑意义在于不允许存在矛盾。模糊逻辑突破了这一限制，因为模糊概念 $\underline{A}$ 的外延与其否定概念 ¬$\underline{A}$ 的外延的交集仍然是模糊集，而非传统集合论讲的空集 Φ：

$$\underline{A} \cap \neg \underline{A} \neq \Phi \tag{9.4}$$

"x 是 $\underline{A}$"为模糊判断，否定判断"x 是 ¬$\underline{A}$"亦为模糊判断，二者都既不完全真，也不完全为假，故承认存在矛盾是合乎逻辑的。模糊概念和它的否定概念以论域上的同一精确集合为边缘，即 $Edg\underline{A} = Edg\neg\underline{A}$，刻画的是一个有深刻含义的现象，反映了模糊事物与其对立物相互包含、相互渗透的辩证特性。

在精确逻辑中，多数人把 (9.3) 称为矛盾律，也有人称之为不矛盾律，似乎哪一种称谓都没有逻辑矛盾，长期不能统一，成为一桩公案。这是因为逻辑学长期处于精确逻辑"只我一家，别无分店"的垄断局面，造成讲矛盾律或讲不矛盾律怎么都行的局面。有了模糊逻辑，此一公案可以了结：顾名思义，矛盾律就是允许矛盾判断合理地存在于逻辑系统中，不矛盾律就是在同一逻辑系统中同时出现矛盾判断是不允许的。精确逻辑的规律只能称为不矛盾律，把不允许出现矛盾的思维规定叫作矛盾律，是逻辑上的自相矛盾，应予纠正。模糊逻辑允许、容纳、承认矛盾判断同时存在的合理性，只有它有资格称为矛盾律，而且也只能称为矛盾律。更准确地说，是模糊矛盾律。

（3）容中律

排中律是精确逻辑特别是二值逻辑的理论基石之一，其集合表示如下：

$$A \cup \neg A = U（论域） \tag{9.5}$$

表示一个事物类 A 与它的否定事物类非 A（$\neg A$）相加（并集）就是整个论域，即论域中的对象要么是 A，要么非 A，不能出现第三种情形。反映到思维过程中，就是排除介于两个矛盾思想之间的中间状态，否则就断定为思想混乱。但这个性质是逻辑学家为使逻辑精确化、二值化所采取的假设，绝非处处皆成立的真理。罗素已经明确指出："排中律用于精确符号时是正确的；但当符号是模糊的时候，排中律就不合适了。"[1] 他据此

---

[1] 伯特兰·罗素. 论模糊性. 杨清, 吴涌涛, 译. 模糊系统与数学, 1990, 4(1).

对秃头悖论做了正确的分析，但未能给出相应的集合表达方式，因而没有真正解开这个难题。

按照模糊集合论，对于任何模糊集合 $\underline{A}$ 及其补集合 $\neg \underline{A}$，$\underline{A} \cup \neg \underline{A}$ 仍是模糊集合，而论域 U 是精确集合，故有：

$$\underline{A} \cup \neg \underline{A} \neq U \tag{9.6}$$

这一公式表明，建立在模糊集合论之上的模糊逻辑不再遵循排中律。模糊逻辑是一种排中律破缺的逻辑，或不排除中介的逻辑，也就是容纳中介的逻辑，故简称为容中律。

在概念层次上，在同一思维过程中，对于论域中的任一对象 x，模糊逻辑并不要求它要么属于概念 $\underline{A}$ 的外延，要么不属于 $\underline{A}$ 的外延，否则，就宣布犯了"两不可"的逻辑错误。模糊概念遵循的是容中律，除了 $\underline{A}$ 与 $\neg \underline{A}$，还承认别的模糊概念的合理存在，出现"两不可"并不意味着一定违背逻辑规则。一家企业既非国有亦非私有是可能的，因为它可能是国家控股的合资企业这种中介事物。

在判断层次上，模糊逻辑并不认为要确保思想明确就必须排除中介状态，一对模糊矛盾判断都是部分真部分假的命题，实事求是地指明它们的真实程度，揭示出事物固有的不明确性，等于使思想获得明确性。所以，模棱两可未必一定是逻辑错误。看见我手里拿着一块灰布，你说：这不是黑布，这也不是白布。你是否犯了"两不可"的逻辑错误？没有，因为那是一块灰布，你既否定了它是黑布,又否定了它是白布,就为承认它介于二者之间,为断定它是灰布留下空间,因而是正确的断定。

(4) 互渗律

承认容中律和矛盾律还不足以把模糊思维与精确思维充分区分开来。多值逻辑在一定程度上已经突破了排中律,无穷连续值逻辑走得更远,但都保留了判断的确定性、不同中介之间的分明性,本质上还属于精确思维,不能表现两极相互渗透的辩证本性。有些文献把模糊逻辑界定为连续值逻辑,并不准确,与札德观点相距较远。语言真值才能刻画不同中介之间的相互渗透,此中有彼,彼中有此。这才是模糊性的根本来源,思维把握模糊性归根结底是把握这种相互渗透造成的界限不分明性。由此可见,应当借用列维-布留尔在《原始思维》一书中提出的互渗律概念,剔除其神人互渗的内涵,赋予它在差异事物之间、不同中介之间、对立两极之间相互渗透的内涵。有了这种内涵的互渗律,方可最终区分模糊思维与精确思维,充分体系模糊思维从一个侧面反映出辩证思维的特征。

9.3 不善于模糊思维者当不了诗人

思维是人脑对感性信息的加工处理过程,其结果是获得理性认识,当然也包括对低层次理性信息的再加工,获得更高层次的理性认识。我们把诗的创作和赏析过程中信息传递和加工的流程图示如下,并据之考察模糊思维在诗歌创作和赏析过程中的作用。图 9.1 中上部的信息运作为诗词创作过程,下面的信息运作为诗词赏析过程。

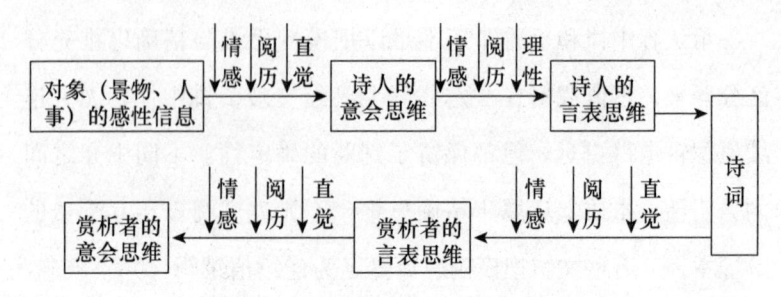

图 9.1　诗词创作和赏析中的信息流程

文学创作(包括写诗)过程也开始于获得对象世界(包括外在世界和作者自身)的感性信息,通过潜意识首先转化为诗人头脑中的意会思维,即诗兴、诗情、诗意;在这种转化过程中诗人的情感、阅历、直觉等起着决定性作用,铸就作品强烈的个性。然而,诗必托诸语言文字,诗兴、诗情、诗意必须经过语言文字编码表达,以抒发于外。或自言自语,同自己交流;或诉诸语言文字,同他人交流。在交流过程中,诗人的情感和阅历等仍然起作用,但更多的是要发挥理性的作用,以便把意会思维转变为言表思维,凝结为作品。此乃诗词创作过程中的模糊思维。诗词欣赏也离不开模糊思维,但行程正好相反:首先要把他人的作品转化为欣赏者头脑中的言表思维,用信息论言语讲,就是对诗词进行解码,然后再转化(上升)为欣赏者的意会思维，激发自己的情感，获得美的享受，陶冶自己的性情。

科学研究是一种祛情思维，不允许把研究者的主观感情、志趣带入思维过程，尤其不能带入思维的成果和总结成果的文本中。文艺创作和欣赏则是有（用）情思维，必须以情纬文，把真挚、浓烈的情感浇铸于作品中，借作品宣泄胸中块垒，用真情打动读者。白居易在《与元九书》中说："诗者，根情，苗言，华声，实义。"情为诗之根，言为诗之苗，情与言是根与苗的关系。精确思维是祛情思维，用情思维只能是模糊思维。诗人的诗意总是在浓烈情感的突然袭击下生发勃兴的，情感是创作的发动机和导航器。但情感、志趣在本性上不能做定量化、形式化处理，无须也无法给出精确化描述。以郭沫若创作《凤凰涅槃》为例，按照他在《我的作诗经过》中的自述，当诗意突然袭来时，直感到"全身都有点作寒作冷，连牙关都在打战"，形成强烈的创作冲动。不妨设想一下，如果郭老不是乘兴立即"伏在枕上用着铅笔只是火速地写"[1]，用那些模糊而极富感情的自然语言表达出来，而是求助于精确思维，那么，只要试图定量化、形式化的念头一出现，那种浓烈而清新的诗意便迅即灰飞烟灭，以至于"六情底滞，志往神留，兀若枯木，豁若涸流"（陆机：《文赋》），就不会有那首轰动一时的名诗问世了。

---

[1] 孙连仲，南纵线. 模糊言表思维探秘. 北京：东方出版社，2001：100.

把冲动的诗兴、诗情变成诗篇，需经过选材、立意、谋篇、布局等一系列思维操作，都是围绕着造就诗歌整体特有的神韵或境界来进行的。王士祯倡导神韵说，王国维倡导境界说，他们两位都是诗论大家，但都没有给出明确的定义，也没有给出创造神韵和境界的可操作方法，因为神韵和境界都属于可以意会而难以言表的那一类模糊概念中最模糊者，本质上不可能用定量语言精确定义，也就是不能用精确思维来把握，创造诗的神韵或境界不具备程序化的可操作性。但任何人只要经常读诗，皆可对神韵和境界的奇妙含义有所体悟，而大诗人能够借作品创造出妙通造化的神韵或境界，足以表明他们能够充分把握神韵和境界的含义。但即使大诗人、大诗论家，也主要是在意会思维中把握神韵和境界，至于在言表思维层次上，只能用模糊语言给出部分的解释和诠释，不能不留下诸多遗憾。人们常常听到大作家和大学问家感叹语言表达能力的苍白，就是这个道理。

诗是要发于外的，借语言文字来诵读（甚至呼号）和书写，才能发泄自己的情绪，并同他人交流。这种语言只能是充满模糊性的自然语言，而且是其中那些富有形象和直感的词语，尽量不用那些有明显概括性、抽象性强的词语，绝不能用定量化的精确语言。有些名篇是诗人兴之所至、脱口成章的产物，大多数则是诗人字斟句酌、反复推敲、苦苦吟诵的结果，属于典

九、模糊思维

型的模糊言表思维。中国古诗讲究炼字、炼句,王国维更有"著一炼字,境界全出"的观点。但诗家讲的炼不是测量,不是计算,不是分析,无须也无法用精确逻辑推理论证,只能用模糊思维去锤炼、提炼、冶炼,既要炼意会思维中的意境和美感,又要炼言表思维中的字和句,让炼意和炼字句不断相互比对、相互转化。王安石的名诗《泊船瓜洲》被公认为炼字最成功的作品之一,我们就它来做点解剖麻雀式的考察。

京口瓜洲一水间,钟山只隔数重山。
春风又绿江南岸,明月何时照我还?

此诗写的是王安石二次拜相入京途中的所见所感。一方面是二次拜相带来的喜庆,对再次推行改革可能给北宋政界以至整个社会带来一派春意的热切期盼。另一方面,由于首次拜相推行新政而被罢相的经历(最后被迫在月黑风高的政治暗夜中离开朝廷)使他顾虑重重,在决心抓住新机遇而有所作为的同时,又期盼能够平安体面地(在皎洁的明月照耀下)退还江南,终老山林。这种复杂矛盾的情感活动,由于在渡过长江时身受春风吹拂、目睹春意先到江南的美景而被激发,终于诗兴大发。如何把这种浓烈、复杂、真挚的感情融注在诗篇中,转化为鲜明的形象呢?王荆公在遣词造句上曾有一番苦心经营。据记载,他曾比较考察了"到""过""入""满"等十几个动词,这些字都可以表达出季节交替的变化趋势,有动感和过程感,但理性有余而形象性暗淡,不能充分体现冬去春来给予诗人的特定心灵体验,尤其缺乏视觉形象。经过苦想苦吟,反复推敲,他最终敲定用"绿"字将看不见的春风可视化,塑造出最能承载他的感情和期盼的形象,写出"春风又绿江南岸"的名句。这一炼字过程,借用王国维的说法,完全配得上"著一'绿'字,境界全出矣"的品味。显然,这一思维过程没有数值计算和精确推理,使用的是定性的语言方法,用形象思维和模糊语言对意会思维中的美感做语言近似,而且是不能用模糊集合加以近似量化描述的那种语言方法,属于高层次的模糊思维。

中国古典诗词特有的美感跟汉族语言文字特有的模糊性有极大关系。在西方语言中,"绿"字是形容词,只能做修饰词,词性类属明确,有利于描述的精确化。汉语的词性有强烈的模糊性,"绿"字又可以做动词,词性不确定,不利于描述的精确化。但也正是这种词性不确定的模糊性,赋予王诗以无法用语言表达的美感。无论作诗还是赏析诗,要紧的是运用模糊思维去充分理解、把握、挖掘、利用汉语的模糊性。

上面说的是炼字需用模糊思维。其实,炼句也是同样道理,绝不能追求精确化、定量化和形式化。此外,中国人用来评品诗作的范畴,诸如婉约、豪放、空灵、飘逸、蕴藉,等等,也都是札德所谓难以定义的模糊概念中最模糊的一类,千百年来无数诗人学者用自己的诗作极好地体现了这些诗品,但谁也没

九、模糊思维

有给这些范畴以令人满意的诠释。苏轼在比较孟郊和贾岛的诗品时,有"郊寒岛瘦"的评论,后人都觉得很有些道理,但如何理解和诠释,没有令人满意的答案。诗寒与诗瘦,"郊寒"在那里,"岛瘦"在何处,实在是模糊得不能再模糊的评语了。然而,我们又不能弃之不用,因为细细想去,没有比这些说法更恰当的词语可以品诗。近一百多年来,许多学者不满这类模糊概念,试图借用西方文论的范畴甚至西方科学的精确方法改造中国传统诗论、文论,都以失败告终,从反面证明模糊思维的不可替代性。你要继承和光大中国传统文化,你就不能不用模糊思维。

要读懂诗,切忌用精确思维去解诗,即使字面看来精确的数据,实际都是含义模糊的概数,一旦用精确标准去解读评品,就会犯低级错误。杜甫有"霜皮溜雨四十围,黛色参天二千尺"(《古柏行》)的诗句,北宋大科学家沈括曾因诗中的两个数字与实际太离谱,提出批评,忘记杜甫用的是形象思维,需要艺术的夸张,在文学史上遗为笑柄。此外,如果你读了一首名诗,却没有得到什么可以意会但无法言表的美妙体味,你就不能算真正读懂那首诗。我本人就常有此类感受。这一切都表明,诗与模糊思维结下了不解之缘。

或许有人会对以上说法不以为然,因为抽象数学大师中不乏诗人,写出许多好诗。我不否认这一点。问题是有些数学大师也具备发达的形象思维，他们写诗的时候同样要用模糊的形象思维，精确的量化思维派不上用场。实事求是地说，这些人在科研中表现出超一流思维能力，却罕有成为一流诗人的，把玩他们的诗作，总能感觉到其中说理的成分多了点，感人的形象少了点。究其原因，就在于他们的精确思维、抽象思维太发达，压抑了模糊思维、形象思维，不自觉地把抽象思维应用于写诗中。

9.4 俄罗斯休克疗法为何失败
——模糊性与创新思维

创造新事物的前提是跨越旧事物的界限，这种界限越明确，跨越的难度越大，跨越时的不稳定性越厉害。物理学研究的系统常常存在临界相变，存在精确的相变点，只要控制参数变化到临界值，系统立即发生突变，由旧相跃到新相。这是精确思维的用武之地。但是，即使物理系统也大量存在非临界相变。特别是涉及社会、人生等问题，由于现实利益、意识形态、习惯势力、历史包袱、个人偏见等因素的阻碍，跨越旧事物的界限极其困难，常常使新事物呼之欲出却始终无法诞生。一味采取正面强攻，一定要明火执仗地战胜那些阻力，高举胜利者的旗帜，在历史的瞬间跨过那条界限，就会把新事物的出现推入永不之地。20多年前俄罗斯推行休克疗法就是明证。那场改革的设计师宣称，要在500天内把苏联推行了70年，在早期曾经非常有效的计划经济转变为市场经济。实践的结果却导致世界第二强国迅速倒退为二流国家，留下沉重的历史教训。

相反，如果施行模糊思维方式，设法将新旧事物之间那条明确的界限模糊化，避开那些强固的阻力，在模糊中跨出一小步，或接连跨出几小步，就可能使系统较为平稳地跨越界限，实现破旧立新的变革。这种变革虽然缓慢，但颇为有效，系统表现出很好的稳定性和鲁棒性（指系统经得起摔打）。每个时代都有一些时代性难题，需要用创造性思维去解决，这种大智慧离不开模糊思维。回顾中国改革开放40年的历程，一系列富有创造性的决策和部署，以及按照"一国两制"方针解决香港回归问题，都离不开运用模糊思维。中国要实现和平崛起，实现民族复兴之梦，也需要运用模糊思维去破除美国对我们的种种遏制。宝岛台湾与祖国大陆的"三通"，于两岸人民有百利而无一害。台湾当局出于不可告人的目的，顽固反对"三通"。2002年底，章孝严提出春节包机方案，虽然仍属于曲航，毕竟是对"台独"势力反对直航的一个打击，如果能够实现，就在一定程度上模糊化了他们精心设置的界限，亦即在某种意义上超越了那条界限。包机理应两岸对飞，符合天理人心。但陈水扁等人的"台独"顽症已经达到病态，坚持单飞。如何打破僵局？据章孝严说，他们在协商时就表示，"一定要有建设性、创造性的思维，争执起来只会无法解决"，"大陆方面很坚持双方对飞，这本身符合情理"，但"大陆方面很有弹性，没有坚持"①。富有弹性是模糊思维的重要特点。由于双方都按照模糊思维处理问题，采取有弹性的态度，顽固的"台独"势力再也无计可施，春节包机终于成行。

强调精确性的科技工作也少不了模糊思维，已故化学家卢嘉锡根据化学这门重要的精确科学的发展经验对此给出很好的说明。他指出，科学研究的实际过程往往带有不确定性或模糊性，常常会进入情况尚属朦胧、推理论据还不充分的状态。这时候，科学家要善于从模糊中察出端倪，看到轮廓，对过程进行毛估。"所谓毛估是一种近似的（包括半经验的近似计算）、定性的、概念性的描述、判断、估计和预测。而一切精确的计算则是基于这些正确概念基础上的'上层建筑'。"②他讲的显然是模糊思维，但原则上对所有精确科学都适用。

9.5 "难得糊涂"难在哪里

糊涂是一个用来刻画人的思想状况或思维能力的语词，通常都是贬义的。一个人说了错话或做了错事，就会自责："我真糊涂！"或受到亲友的责备："你真糊涂！"如果有人觉得你对某

---

① 燕子来了，两岸直航的春天还会远吗？——章孝严透露台商春节包机成行秘闻. 参考消息，2003-01-28 (10).
② 卢嘉锡. 精确与毛估. 自然辩证法研究通讯，1981 (10).

九、模糊思维

事心里明白却不说明白,就会骂你"装糊涂"。然而,凡事都有两重性,糊涂亦然。著名的扬州八怪之一的郑板桥一反常规,提出一个振聋发聩的命题:难得糊涂。就是说,糊涂不但不差,而且还非常难得,是求之不得的罕物。这确乎是怪人用怪异眼光得出的怪论,对中国人推理、想事、决策的思维方式产生了很大影响,受到广泛赞赏。模糊逻辑使我们理解了,"难得糊涂"是模糊思维的一个重要命题,不妨戏称为"板桥原理"。它倡导的是对于某些本来是非分明的问题,人为地引入模糊性,不仅不明确划分界限,而且故意把原本分明的界限模糊化,在模糊中达到在思想明白中无法达到的目的。

"难得糊涂"的正确运用,大略说有三种情形。一是为了消除分歧,维护团结。人世间许多争执纠纷是可以分清是非曲直的,其中有些只有在分清是非的基础上才能解决矛盾,在新的基础上达到新的团结。这时候就要坚持精确思维,力求消除糊涂,分清是非曲直。但有时候,或者无法分清是非曲直,或者虽然界限分明,但如果把是非曲直分得一清二楚,反而加重纠纷,激化矛盾,以至使局面恶化到极点,再也无法达到团结的目的了。相反,如果采取模糊思维,让过去的是非曲直成为过去,彼此不再提及,反而能够团结起来。这是一种顾全大局的糊涂,须有高尚的道德支撑。二是为了在险恶的社会环境中安全生存,须韬光养晦,通过装糊涂来避开危险,或者保护自己,或者保护弱者。在许多情况下,"难得糊涂"是弱者的生存逻辑,因为勉力抗争可能弄得家破人亡。郑板桥本人就是在险恶的官场中悟出"难得糊涂"这个道理来的。三是欲在重大政治斗争中保存自己,战胜对手,像三国末年的司马懿那样,通过装糊涂来化危机为转机。撇开价值观标准,在特殊的历史时刻善于装糊涂,实在是一种以退为进的高级政治智慧。现代政治活动中同样需要这种政治智慧。

糊涂之所以难得,大约有四个缘由。一是时机难以把握,因为通常情况下还是聪明难得,保持清醒的头脑,做出准确的判断极为重要。二是分寸难以把握,不足不行,过头也不行,过犹不及。三是要在重大问题上"揣着明白装糊涂",需要很高的思想境界,度量大,眼界远,甚至要有自我牺牲精神。四是需要极高的自我控制力(定力),对事件的是非曲直心知肚明,外表却显得毫无觉察,糊里糊涂,还要糊涂得自然,恰到好处,乃是对思维能力的极大要求。郑板桥说的糊涂,乃是大智若愚式的糊涂,一种常人难以具备的大智慧。

我们的现实生活也离不开模糊思维。街头邂逅熟人,你无心深谈,随便问一句:"近来怎么样?"应者亦无意细说,便随意回答:"马马虎虎!"或者:"瞎混呗!"双方说罢分手,各干自己的营生。一般情况下,生活没有什么显著变化,按部就班地学习、工作、写作,对于其中的大量思维活动,模糊思维足

九、模糊思维

以应对自如，且有轻松便捷之利，实在没有必要追求精确性。如果事事都要求精确化，反倒会使人手足无措。

上海人近年来创造出一个新词"搅糨糊"，有的写成为"淘糨糊"，运用得当，也是模糊思维。有人撰文对这个词汇做出专题考察。我们不妨对考察者的见解再做点考察。如作者所说，这个词已被广泛应用于日常生活中。轻松嬉戏者、无奈自嘲者、气愤难抑者，都可以用它来表意达情，听者也能心领神会。因事情办得不错而受到他人赞许时，可以自谦："搅搅糨糊啦！"赞许别人干得不错，可以说："侬糨糊搅得好！"事情办砸了，亦可以自嘲："唉，糨糊没搅好！"对于久禁不绝的豆腐渣工程，人大代表也改称"搅糨糊工程"，亦颇贴切，如此等等。有人提出批评：由始作俑者的一桶糨糊模糊了一大批人的价值观、是非观，从而导致更多的糨糊桶滚来滚去！论者希望，随着国民素质的提高，这个词终有一天销声匿迹，用意虽好，后果未必好。他们总是把模糊思维和思想糊涂联系起来，甚至等同于"一塌糊涂"或"糊涂到底"，实在要不得。

在给模糊思维说了一大堆好话之后，不能不强调一点：必须警惕模糊思维可能带来的陷阱。精确思维和模糊思维是一对矛盾，各有自己的适用范围，也各有自己的局限性。用到各自适宜的地方，它们都是科学思维；用到不适宜的地方，它们都是非科学思维。滥用模糊思维，必须精确、分明之处也要模糊，非常要不得。美国政治家特别是右翼分子很擅长模糊思维，在模糊中给别国设置陷阱。为实现独霸世界的野心，他们内心不希望中国统一，总想把台湾变成遏制中国的前哨，推行模糊战略、模糊政策，故意玩弄字眼，用一系列模糊不清、模棱两可、前后矛盾的表态，为纵容甚至暗中支持"台独"制造模糊性空间。如果不加警惕，没有有效对策，跟着他们的步调行进，后果将不堪设想。

9.6 从模糊信息粒化理论看言表思维

经过40年的探索，札德逐渐认识到："世上有三个基本概念构成人类认识的基础：粒化、组织及因果关系。大体上看，粒化涉及整体分解为部分，组织涉及部分结合为整体，因果关系涉及原因与结果之间的联系。"① 他于1997年提出模糊信息粒化概念，指出"正是这种粒化方式构成了语言变量、模糊'若—则'规则及模糊图这些概念的基础"，从而使模糊信息粒化在模糊逻辑中具有"中心作用"②。由此形成的模糊信息粒理论，为我们理解人脑的意会思维如何转化为言表思维，揭示这种转化的机理，从而开拓出模糊逻辑的重要发展方向。

思维的本质是一种信息运作过程，由不同环节组成。原材

---

① Lotfi A. Zadeh. 模糊集与模糊信息粒理论. 阮达，黄崇福，编译. 北京：北京师范大学出版社，2000：356.

② 同①357.

料是对象世界的非意识化的信息,经过感官的作用转化为感性信息而传入大脑,再经过人脑神经网络加工处理,转化为意识化了的信息。跟自动机获取的信息不同,人的感觉信息是在意识支配下获取的,感官接收、记录、传送对象信息的过程就开启了非意识信息的意识化过程,从脑神经网络接收这些信息起,思维活动就开始了,而核心运作是信息的加工改造。但最初的信息加工处理仅仅发生在潜意识层次,称为潜思维。潜思维在大脑中进一步自组织地加工处理将转化为显思维,即那种能够被思维主体自觉意识到的思维活动。显思维又分两个层次:不能用语言表达的是意会思维(札德所说的心灵感知);能用语言表达的是言表思维。潜思维和意会思维属于非编码的意识信息,还不能用语言文字表达,故意识化不等于概念化。言表思维实质是意会思维产生的意识化信息在人脑中概念化运作,即用语言编码表达意会思维的过程。对于从意会思维向言表思维转化过程的机理,学界至今还是一片盲区。

模糊信息粒化理论的思维科学价值,在于它有助于揭示言表思维的机制。在大脑内进行的思维活动都有其物理基础,潜思维和意会思维在微观的神经信号层次上都是离散的,神经信号开或闭,类同电脑信号的开启或关闭。但作为大脑系统的宏观整体运动,不论潜思维还是意会思维都是混沌一片(不小于二维),或混沌一体(不小于三维),属于连续信息。一派混沌的连续信息无法在个体之间交流,不能通过外化来加工处理。解决这个矛盾的有效方式是把脑内思维的连续信息离散化,化为一个个分立存在的信息粒。言表思维就是对脑内连续信息做粒化处理,一个词是一个信息粒,一句话是一个有序的信息粒系列。人借语言思考和讲话,借文字写作,所谓谋篇布局、遣词造句、反复推敲、字斟句酌,等等,都是使用语言文字把脑内连续的潜思维和意会思维信息加以粒化处理。如果把思维信息比作一锅汤,用语言文字表达思维就是使一部分汤凝结为颗粒。从一派混沌的思维信息汤中凝结出一个个信息粒,就叫作思维信息的粒化(或称粗粒化)。语言文字表达不限于粒化,粒化只是第一步。

使连续的思维信息颗粒化只是言表思维的一半,另一半是把信息粒组织起来,即通过组织语言文字(包括音乐、舞蹈等语言)而把思维组织成系统,属于思维信息粒化处理的另一半,逻辑的作用更多地表现于这里。粒化相当于捞鱼,逻辑的作用较弱;组织相当于加工烹饪,主要靠逻辑。逻辑是组织的规则,整合的规则。

如果把意会思维比作含有营养的水,概念、判定等思维形态比作由这些营养培育生成的鱼,深藏于水中,那么,言表思维过程就相当于钓鱼。脑神经网络中遣词造句,言语表达,说的是言表思维,就是钓鱼。用中国传统文化的语言讲,恰如陆机在《文赋》中所言:"情瞳胧而弥鲜,物昭晰而互进,倾群言之沥液,漱六艺之芳润,浮天渊以安流,濯下泉而潜浸。于是沉辞怫悦,若游鱼衔钩,而出重渊之深,浮藻联翩"[①]。

用现代科学的语言讲,意会思维是一锅由模糊信息构成的混沌汤,微观的内涵极其丰富厚重,千头万绪。信息粒化,逻辑是思维的工具之一。思维是人脑对感性信息的加工,逻辑是思维的基本工具,模糊逻辑是模糊思维的基本工具。札德说:"模糊信息粒化是人类认识的组成部分"。可见,尽管模糊信息粒化和词语计算理论主要是为人工智能服务的,但也开辟了一条研究模糊思维的新道路。心灵有所感知而不能用语言表达的东西,就是我们所说的意会思维。

[①] Lotfi A. Zadeh. 模糊集与模糊信息粒理论. 阮达,黄崇福,编译. 北京:北京师范大学出版社,2000:366.

十、模糊逻辑的应用

10.1 墙里开花墙外红
——模糊逻辑的早期遭遇

札德关于模糊学的两篇开创性论文于 1965 年发表后,由于思想十分新颖别致,对传统科学思想的变革太过深刻,与主流观点相去太远,学术界一时难以消化、理解,没有立即引起反响,到 20 世纪 60 年代末局面才开始改变。70 年代是模糊学(包括模糊逻辑、模糊语言、模糊数学、模糊系统理论等)的奠基时期,札德推出一系列富有开创性的论著,开辟了多个研究方向,后来发展起来的许多分支,都可以在那个时期找到思想渊源。

尽管模糊学蕴涵深刻的科学和哲学思想,但它首先是为解决实际问题而提出来的，具有很光明的应用前景。从科技发展史看，美国是一个长于应用研究的国家，跟踪、引进欧洲国家建立的自然科学基础理论，率先在应用研究上取得突破，是美国实现赶超欧洲，最终成为世界第一强国的重要国策之一。美国又是实用主义哲学的发源地，总是把追求实际利益置于第一位。由此似乎可以预测，由已经入籍美国的札德创建的模糊学，其应用研究将首先在美国发芽、生长、开花、结果。然而，或许由于科学界和学术界的"精确性崇拜"在现代科学和学术最发达的地方也最为根深蒂固，或许还有别的原因，模糊学在它的发源地美国一度遇到强大的反对力量。从人类历史的辩证本性和大尺度看，这一现象可能是意味深长的。

我们来看两位著名美国学者是如何反对模糊逻辑的。卡尔曼是现代控制理论少数几个最著名的代表人物之一，影响很大的能控性和能观性理论就是他提出来的。在现代控制论发展的前期阶段，札德和卡尔曼都是精确性的崇拜者，深信数学有足够的威力以逻辑性和精确性去战胜模糊性和含混性。随着控制理论和控制工程面对的系统越来越复杂，这两位昔日的战友分道扬镳了，卡尔曼继续沿着原来方向前行，坚持创立更精确的理论和方法去对付模糊性。札德则主张从过高的精确性要求上后退，把模糊性当成模糊性来处理。这立即招致卡尔曼的猛烈抨击，在一次学术会议上当面发难："一个必须坦率提出的问题是，札德教授真的提出了重要的思想，还是陷入了胡思乱想？"[1] 他的总观点是拒绝承认模糊化为科学方法的一种可行的替代方案，声称："对系统分析'模糊化'最严厉的反对意见是，缺乏系统分析方法在系统领域并不是一个原则性的科学问题。真正的问题是，发展基本概念和关于系统'性质'的深刻洞见，或者说是某些类似牛顿'定律'的东西。据我的看法，札德教授的建议没有机会为解决这个问题做出贡献。"[2] 他试图以托姆的突变论为例证，证明定义不良的复杂问题仍然可以精确化。卡尔曼认为："札德教授对模糊性的热情被美国流行的政治氛围强化了。'模糊化'是一种科学上的自由放任。"[3] 这对昔日的战友自此成为激烈论战的对手。

计算机科学家兼数学家卡汉教授是札德在加州大学的同事，办公室就在札德的斜对门。他对模糊逻辑的批评至少是愤慨的："模糊理论是有毛病的、错误的和有毒的。贪婪、软弱和含混才使我们陷入困境。我们需要的是思维有更多而不是更少的逻辑性。模糊理论的危险在于它将鼓励那种给我们带来很多困扰的不精确思维。模糊逻辑是科学的可卡因。"[4] 卡汉意在告诫人们，

---

[1] A Introduction to the Special Issue on a Quarter Century of Fuzzy Systems. International Journal of General Systems，1989（17）：96.
[2] 同[1]97.
[3] 同[1]98.
[4] 同[1]98.

应当像禁止毒品那样禁止模糊学的传播。这已不是学术批评和争鸣，而近乎谩骂，简直是要把模糊学一棍子打死。

由卡尔曼和卡汉的上述态度不难想象，札德关于模糊理论的开创性贡献很难在美国系统科学界、数学界、逻辑学界得到有力的支持和响应，更不用说在工程实际应用中开花结果。出人意料的是，札德的新思想、新方法首先在太平洋西岸的日本走红，在美国科技界争论"模糊化"是否具有科学理论意义的同时，日本人已经看出"模糊化"的巨大工程技术价值，把主要力量放在发展模糊工程学，利用相当简单的模糊技术开发出一系列新产品，如空调、洗衣机、地铁控制、水泥烘干炉、电子稳定摄像机、自动聚焦照相机等等，迅速推向世界市场。如此简单的理论工具获得如此丰厚的实际成果极具说服力，那些坚决反对模糊逻辑的人不得不三缄其口了。

在美国首先发展起来的重要新理论，最先在美国之外获得成功的应用，这在现代科技史上大概是第一次。

10.2 如何把你的小汽车停在指定位置 ——模糊控制

控制是一种系统行为，涉及施控者和受控者两方面，控制就是施控者选择适当手段作用于受控者，以期引起受控者的行为、状态发生合目的的变化。工程技术中的调节、补偿、校正、操纵等，社会过程中的领导、指挥、组织、管理、经营、教育、制裁、舆论导向等，都是一定的控制。排球比赛过程中充满控制活动：无论发球或接球，扣球或拦网，进攻或防守，球员的任务就是控制排球的线路、力度、落点等；二传手组织进攻，教练员通过暂停干扰对手，也是控制。教师在课堂上力求吸引学生注意力和引领学生的思维行程，美联储主席通过调整利率干预美国经济，总统特朗普发动贸易战，制裁他国，日常生活中的骑车、游戏等，母亲哄孩子，甚至人们喝水、吃饭，都是控制。杨利伟在飞船上进食的镜头让13亿中国人目睹了那种控制。一句话，只要有人的活动，就离不开控制。

经过100多年的研究，控制论已经发展成为一门博大精深的现代科学，为研制和使用控制系统提供了科学理论依据。控制系统由若干环节（机构）按照一定方式连接而成，各个环节都有特定的功能，整合为一体才能涌现出系统的功能。根据基本环节的功能及其连接方式，可以把控制系统的结构和工作原理简单图示如下：

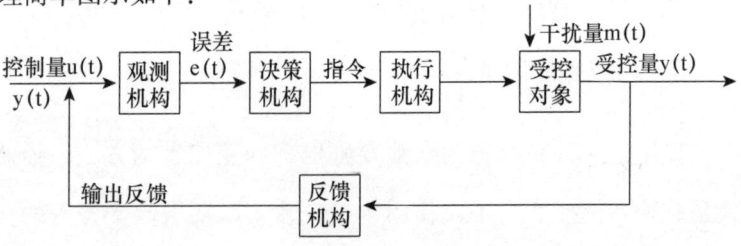

图 10.1 反馈控制系统的工作原理和结构

十、模糊逻辑的应用

这是按照反馈方式构成的控制系统。受控量 y(t) 反映受控对象（如飞船）的行为状态，输入端的控制量 u(t) 反映由控制目标决定的要施加于对象的控制规律和要求，通过系统中的各种观测器收集、测量有关数据信息，对 y(t) 和 u(t) 进行比较，形成误差：

$$e(t) = u(t) - y(t) \tag{10.1}$$

把误差输入决策机构，通过分析误差信息而制定控制策略，形成控制指令；把控制指令输入执行机构，该机构依据指令作用于对象，使它按照要求的方式发生变化；再由反馈机构把改变后的受控量信息反向馈送到输入端，重新进行比较、传送、分析、决策和执行。如此反复进行，直到把误差减少到允许的范围内，就算完成了控制任务。

在高度发达的现代社会中，依据现代控制理论设计制造的高度精确控制的技术处处可见。航天飞行器的地面发射、定轨、变轨、返回等环节都需要非常精确的控制。本世纪初人们目睹了"神州五号"飞船的成功发射，特别是船体回收，从太空返回地面，同预定地点仅有 4.8 公里的误差，足见其控制技术是何等精准。

现代控制理论的基础是精确逻辑和精确数学。应用精确控制技术的基本前提是：系统具有可以精确定义的输入变量、输出变量、状态变量和干扰变量，能够用数学方程明确地表达出它们之间的关系,即建立精确的数学模型;可以获得精确而完备的数据信息,进行精确的数据处理。建立控制系统的精确数学模型,依据精确的初始数据求解模型,依据模型解制定精确的控制指令,严格按照控制指令作用于受控对象,这样的控制被称为精确控制。

不过,实际生活中大量控制问题用不着这种精确技术。朋友,设想你已经迈进汽车族的行列。某年某月某日,你获悉北京友谊宾馆有一个学术讨论会,它对你很重要。早餐过后,你便驾驶自己刚买的奔驰车飞快地奔驰在北京的大街上。你比预定时间提前十分钟到达那里,却发现停车场只剩下一个夹在两辆车之间很窄的空位。要把你的车安全顺畅地停在那个狭窄的地方,显然是一个控制问题。如果你懂一点现代控制论,满脑子"精确性崇拜",认定凡是实施控制,必须严格按照控制论原理办,那你就应走下车来,先测量距离、方向、角度等,再建立精确的数学模型,然后求解模型以获得精确的控制指令,最后按照指令操作方向盘,把你的车稳妥地停在那个空位上。然而,在你尚未完成这项"科学研究"时,会议或已接近尾声,甚至已经结束。真是糟糕,对精确性的崇拜使你失去一个难得的机会!

但我相信,你一定不会如此迂腐。因为每一个正常人都知道,这原本是小事一桩,用不着懂得控制论,无须求助于现代科学，只需凭借经验，眼看那里的空间方位，手转方向盘，按照若干模糊指令，试探，调整，再试探，再调整，问题很快得到解决，确保你从容而完整地参加了那次会议。你解决了的仍然是一个控制问题，但应用的是模糊控制方法。看来，在停车问题上，精确控制原理形式上很科学，实际上不仅很不科学，而且迂腐可笑；模糊控制看样子没有高深学问，属于经验知识范畴，却很能解决实际问题。

这种事例在现实生活中比比皆是。洗澡时调节水的温度，在火车上打开水，学骑自行车，管教孩子学习，等等，都是控制问题，人们都是应用模糊方法解决问题的。人要善于控制自己的情绪，运动员、飞行员、航天员尤其要善于控制情绪，真正做到处变不惊，以便把全部精力和智慧集中到完成任务上。但人的情绪无法定量化，情绪控制只能是模糊控制。读者朋友，你不妨按照图9.1所示原理，对骑自行车的控制过程做点分析。2004年雅典奥运会中俄女排决赛，中国女排上演了一幕绝地大反击的精彩好戏，终于如愿以偿地登上冠军领奖台，教练陈忠和与他的队员们表现出超人的心理素质，令世界惊讶和感动。如果你有幸遇到陈指导，问问他如何控制自己的情绪，才做到在比赛过程中始终一副笑模样，笑得那样迷人，我敢肯定（精确思维），他的回答是用一连串模糊语词表达的。

在企业经营管理、大型体育竞赛、文艺会演乃至国家政治、经济、军事活动中,模糊控制都有大量应用。毛泽东指挥三大战役,邓小平领导改革开放,习近平领导精准扶贫,不能说完全没有精确控制,但在大多数场合用的是模糊控制。

模糊控制在实践中无法计数的成功应用表明,其中一定包含科学的控制原理。由于400年来得到发展的只是精确科学,而且形成"精确性崇拜",遮蔽了人们的视线,因而看不见模糊控制的优越性,也缺乏对实践经验进行总结的理论指导。札德提出的模糊学使我们懂得,精确控制技术只适用于人的因素可以忽略不计的系统,不适用于人的因素起重要作用的系统,因为它们没有可以严格定义的基本概念,输入变量、输出变量、状态变量、干扰变量之间的关系模糊不清,无法用精确的数学模型把它们表示出来,无法获得精确的信息和数据,无法制定和执行精确的控制指令。模糊控制的特点和优点在于,绕过建立数学模型这一关,不依赖于获取大量精确的信息数据,只需利用那些极其丰富而易于获取的模糊信息数据,形成一系列模糊"若—则"规则,就可像类似停车问题那样简洁方便地实施控制,而且常常具有很好的鲁棒性和稳定性。

第一个研究模糊控制的是英国工程师曼达尼。1974年,他运用模糊逻辑和模糊语言研究蒸汽机和锅炉控制问题,据此写成这个领域的第一篇论文,开模糊控制应用和理论研究之先河。我们把他的工作加以简化,以水位控制问题为案例,对模糊控制做点简单说明。

把控制对象简化表示为图 10.2 所示的水箱，K 记调节阀门，控制任务是保持水位于标准值。设阀门往正向开代表注水，往反向开代表排水。阀门开度为控制量，记作 u，标准水位 $u_0=0$，t 时刻的水位记作 u(t)，误差记作 e，即实际水位 u(t) 与标准水位 u_0 之差：

$$e(t)=u(t)-u_0 \tag{10.2}$$

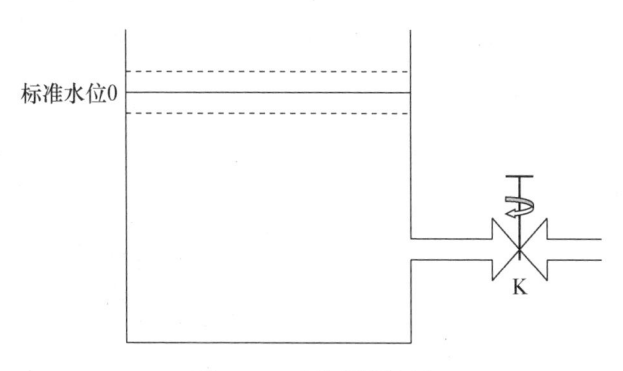

图 10.2 水位模糊控制

在系统的实际运行中，e 是连续变化的，我们规定超出标准水位时的误差 e 为正，低于标准水位时的误差 e 为负。为了应用模糊控制，把 e 和 u 的数值离散化，分成五档，分别为正大（正向开大）、正小（正向开小）、零、负小（负向开小）、负大（负向开大）。利用模糊"若—则"规则建立以下模糊条件语句，作为控制指令：

若 e 正大，则 u 负大；

若 e 正小，则 u 负小；

若 e 为零，则 u 为零；

若 e 负小，则 u 正小；

若 e 负大，则 u 正大。 (10.3)

可以把（10.3）式看成水位模糊控制的模型，当人凭经验执行这些指令时，它是一个定性模型。用适当的模糊集合分别表示模糊概念正大、正小、零、负小、负大，进而把各个模糊指令表示成模糊关系，（10.3）就是一个半定性半定量模型，可以由机器来执行。目前实际应用的模糊控制技术都是按照这种原理设计和运作的。

我们给读者留一道练习题：一对新人在布置新房，任务是把朋友送的一幅画贴在墙壁的适当位置上。新郎手拿画站在凳子上充当执行机构，新娘站在地上充当观测和决策机构，请你按照模糊"若—则"给他们制定一套实施模糊控制的指令。

10.3 没有最优，满意就行——模糊决策

人只要采取行动，就要做决策。决策即决定采用何种策略，而策略就是行动方案。决策之所以必要，是因为行动前存在多种可能方案，必须从中选择一种，如果只有一种行动方案，就无须决策。精确科学的决策理论追求最优策略，形成一套最优

化理论。要找出最优的决策,首先应查明所有可能的策略,分析比较它们的优劣,从中找出最优者;如果只在部分可能方案中选择,很可能漏掉最优方案。

决策问题涉及两类数量特性,一是决策变量,二是环境参数。应用精确决策理论的基本前提之一,是相信(假定)决策变量和环境参数可以精确定义,二者之间的关系能够用精确的数学形式(主要是数学方程)表示出来,即能够建立精确数学模型,线性规划即一例。另一个基本前提是,能够获取精确而完备的数据信息,以便精确地求解和分析模型。只要满足这两个要求,决策问题就变成数学问题,已有成熟的理论和方法。

令人遗憾的是,复杂的人文社会系统的决策问题常常不满足这两个前提:或者没有可以严格定义的基本概念,无法建立精确数学模型;或者决策过程所需要的数据和信息既不精确,又不完备,无法利用它们求解模型;或者二者兼而有之。在这种情况下,传统的决策理论和方法由于太过精确,变得无用武之地,面对实际问题无从下手。另外,进行决策是要付出代价的,效益不大而代价太大的决策不是真正的最优决策。对于复杂的人文社会系统的决策问题而言,或者不存在最优解,寻找最优解的努力徒劳无益;或者虽然存在最优解,但找到并实施最优解所得增益并不显著,而所付出的代价却很大,得不偿失,综合地看，并非最优解。有这样一句广告词——没有最优，只有更优。说得颇为中肯。请看下例。

爷爷带着孙子来到自家已经成熟的玉米地，爷爷命令孙子去把其中最大的那个玉米棒子掰来。这是一个寻求最优解问题。设定比较优劣的标准是玉米棒的重量，最重的就是最大的。那么，这是一个存在最优解的决策问题。但要找出最大的棒子，孙子必须把看起来大的所有棒子都掰下来，然后逐个称出它们的重量，以便确定哪个最大。这件事办起来不仅相当费时费力，而且很不合算。因为与一般的大棒子比起来，那个最重的棒子实际上没有明显的优势，或许它上面的玉米粒还不一定长得最多最好。若把收益与代价综合考虑，可以断定，老爷爷的决策远远不是最优的。主观以为最优的决策，实际却是非优的，甚至是最劣的，这种情形在现实生活中司空见惯。

如果改变决策思路，只要求掰一个足够大的棒子即可，那么，不仅任务极易完成，效果或收获也非常令人满意。诺贝尔经济学奖得主西蒙曾以这个例子（他讲的是老板和伙计）为背景，提出以"令人满意原则"代替决策理论中的最优化原则[①]。面对复杂的人文社会系统决策问题，不追求获得最优解，以较小的代价找到令人满意的策略即可，这就是模糊决策理论的决策原则。

---

① 赫伯特·A. 西蒙. 人工科学. 武夷山，译. 北京：商务印书馆，1987.

10.4 词语计算

1973年,札德在《复杂系统与决策过程分析的新途径概述》一文中引入语言变量、模糊"若—则"规则和模糊图等基本概念。1979年,又引入模糊信息粒概念。到1997年,形成词语计算理论和模糊信息粒理论,开拓出模糊逻辑的重要发展方向。为强调词语计算在模糊逻辑中的中心作用,札德以"等于"取代"包含",提出"模糊逻辑=词语计算"[1] 的公式。本节简略讨论一下词语计算的基本思想,因为这在人工智能的知识表达问题中有用处。

知识表达的关键是那些用自然语言表达的常识,其重要一环是表达用自然语言进行的推理和计算。用词语取代数值进行推理和计算的过程和方法,被札德称为词语计算,简记作CW。札德认为词语计算包含三个要素:(1) 已知一系列由自然语言表达的命题,构成初始数据集IDS;(2) 提出一个由自然语言表述的问题P;(3) 希望通过词语计算CW得到同样由自然语言表述的对此问题的回答,构成终端数据集TDS。如图10.3所示。

解决人工智能的知识表达问题,是札德研究模糊逻辑的一

---

[1] Lotfi A. Zadeh. 模糊集与模糊信息粒理论. 阮达,黄崇福,编译. 北京:北京师范大学出版社,2000:333.

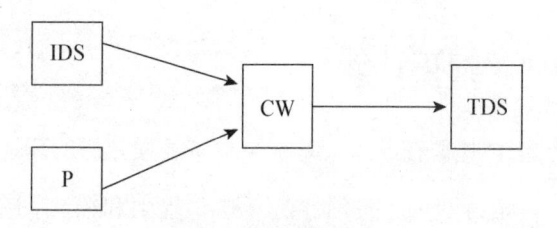

图 10.3　词语计算的要素

个重要甚至首要的目的。精确推理总可以归结为用数量语言表示的数值计算，精确逻辑对此提供了充分有效的工具。

其实，札德早期提出的基于模糊关系合成运算对模糊推理的描述，已经是一种简单的词语计算。由模糊命题构成的推理简单易行。例如，由前提"年轻人精力充沛"和"杨虎翼很年轻"，容易推断出"杨虎翼精力很充沛"。若把后一命题换成"杨虎翼不很年轻但也不算老"，导出结论就有点费周折。现实生活中的推理判断要比这复杂得多，充满不精确性、不确定性、含糊性、不完备性等，本质上不可能用精确的推理计算来表达，而且也不是简单的模糊推理能够描述的。

我们来看《红楼梦》第一回的一段描写，虽为文学虚构，却颇符合生活真实。贾雨村在甄士隐府上偶然看到丫头娇杏，立即做出评价："虽无十分姿色，却也有动人之处。"（命题 1）中国知识分子都知道并信奉这样的古训："窈窕淑女，君子好逑。"（命题 2）我们以这两个命题为前提发问：贾雨村由这些前提得出什么断定，竟至于"不觉看得呆了"？贾雨村做出的断定是：娇杏不愧为巨眼英豪，是自己风尘中的知己。那么，贾雨村的头脑中为此而进行了一番怎样的推理分析，也就是词语计算呢？按照曹雪芹的描述，一是见她"生得仪态不俗，眉目清秀"，便给出娇杏姿色的隶属度，如果把女人之美划分为十等，"有动人之处"大概应在五分以上，即隶属度大于0.5；二是娇杏分明看到贾雨村"这样槛褛"，却两次回头，使贾雨村断定"这女子心中有意于他，遂狂喜不禁"，从此"时刻放在心上"。仔细分析发现，曹公对贾化的心路历程还有更精深的刻画：此人才干出众，自视极高，身虽淹蹇，心待腾飞，急盼高人赏识提携，而且自信时机即将到来。对甄爷的赏识他不大在乎，却视娇杏的回顾为自己时来运转的征兆，故以诗抒情言志曰："蟾光如有意，先上玉人楼。"这样的身世、心理、志向、思维定式等因素，都在贾雨村的推理计算中发挥了作用，极其复杂，无法用精确逻辑和语言来表达。

　　罗素最先指出，精确逻辑处理是否型问题，模糊逻辑处理程度型问题。[①] 科斯考进一步把"万事万物都是一个程度问题"[②] 作为模糊原理的总概括。对于是否型问题，由于允许忽略中介，把对象非此即彼化（两极化），反倒可以完全做定量化描

---

　　① 伯特兰·罗素. 论模糊性. 杨清，吴涌涛，译. 模糊系统与数学，1990，4(1).
　　② B. Kosko, Fuzzy Thinking: The New Science of Fuzzy Logic. Hyperion New York, 1993.

述，用数值进行精确的推理计算。程度型问题的质和量总是缠绕在一起，用自然语言表达的模糊命题都是定性的，但一般又都包含对事物具有某种性质之程度这种量的断定。例如，上述贾雨村思维活动中用的十分、巨、时刻、待时等词也是量的限定，却不能精确度量，定性、定量相结合的原则贯穿于他的思维全过程。基于这类命题的推理都包含计算，但只能是模糊逻辑的词语计算。人脑在解决这种问题（包括贾雨村的思考和推测）时，并非单纯靠推理计算，常常还有直觉之类的非逻辑思维在起作用（更多的是俗话说的算计，而非数值计算），机制十分复杂，我们至今所知甚微。

词语计算理论的意图是设计一种方案，利用计算机的逻辑运算对人脑的这种思维进行功能模拟，以获得问题的"机器解"（扎德语）。词语计算由三个基本环节构成：

(1) 约束显示——把用自然语言表述的隐含在前提中的模糊约束显示出来。用自然语言表述的模糊命题 p = "x 是 $\underline{T}$"，其中隐含着可以近似量化描述的模糊约束。例如，p = "杨虎翼很年轻"，年纪为语言变量 $\underline{A}$，岁数 a 是 $\underline{A}$ 的基础变量，很年轻为语言值，代表施加在 a 上的一个模糊约束，不同语言值代表对 a 的不同约束。把很年轻表示为模糊集合"很 $\underline{H}$"，给定它的隶属函数，意味着把隐含在原始命题中的模糊约束显示化，变成它的标准形式，这种操作称为约束显示。

十、模糊逻辑的应用

（2）约束繁殖——由作为前提的模糊约束繁殖出作为结论的模糊约束（诱导约束）。结论中的模糊约束是由前提中的模糊约束产生的，推理计算的作用是把约束信息从前提传递给结论，或者说由作为前提的约束繁殖出作为结论的约束。从第一步得到的模糊约束标准形式出发，通过推理计算得出作为结论的导出约束，叫作约束繁殖。这一步要利用模糊集合、语言变量、模糊"若—则"规则、模糊图等概念，还需要制定各种约束繁殖规则和方法，常常还要结合使用遗传算法、神经网络算法、进化算法等方法。

（3）语言近似——把诱导约束重新翻译为自然语言表示的命题（结论）。词语计算得出的直接结果也是用模糊集合、模糊关系等数学形式表示的模糊约束，叫作导出约束，即作为推理结论的模糊约束的标准形式。还需要使导出约束重新隐化，把它翻译成自然语言表示的命题，这种操作叫作语言近似。

词语计算的结构框架如图 10.4 所示：

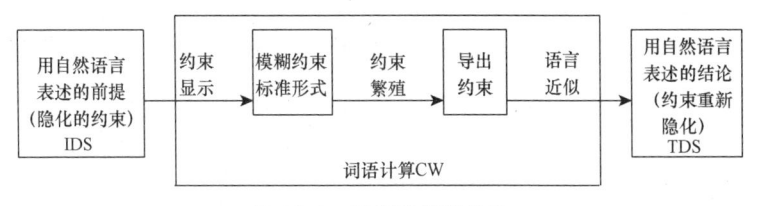

| 用自然语言表述的前提（隐化的约束）IDS | 约束显示 | 模糊约束标准形式 | 约束繁殖 | 导出约束 | 语言近似 | 用自然语言表述的结论（约束重新隐化）TDS |

词语计算CW

图 10.4　词语计算的结构

严格地说，词语计算属于模糊逻辑的一部分，后者是前者的逻辑基础；把词语计算说成模糊逻辑的中心，甚至把二者等同起来，仍有导致轻视研究词语计算之逻辑基础的可能。词语计算包含新的逻辑内容，但不限于逻辑，实际是逻辑的应用，说它是模糊逻辑应用的中心比较准确。但研究词语计算的历史极为短暂，远未形成系统的理论，可用的方法很少，还不可能用来系统地解决知识表达问题。上述贾雨村的推理计算目前就难以用词语计算来模拟。艾尔康指责模糊逻辑理论目标指向知识表达，而实际应用是模糊控制，符合当前的实际，有一定道理。但从长远看，词语计算和模糊信息粒理论的确很有前途，对于了解人脑模糊思维的机制颇有启发，很可能在知识表达中发挥重要作用，值得关注。

10.5 似是而非的成功
——模糊逻辑的未来

日本在开发模糊技术方面的成功，促成模糊逻辑以至模糊学的春天迅速到来，札德学术思想的影响终于扩展到全世界。但是，精确科学家即科学界主流对模糊逻辑的潜在优势和理论基础依然深表怀疑，只是没有明确表达出来，长期处于"民间传说"的状态。直到1993年美国第11届人工智能年会上，艾尔康博士的公开挑战才使分歧再次明朗化。艾尔康博士在会上发表了一篇题为《模糊逻辑似是而非的成功》的论文，既肯定模糊控制技术，又对它的理论基础提出质疑。他指出模糊逻辑有两个悖论：(1) 一

十、模糊逻辑的应用

方面是模糊逻辑在实际应用中的成功,另一方面是它的基础仍然薄弱,易受攻击,二者构成矛盾;(2)模糊逻辑的所有成功应用几乎都属于模糊控制,但大多数理论文章都是关于知识表达和近似推理的,二者构成矛盾。艾尔康的文章在学界激起轩然大波,招致模糊学家的激烈反对批评。为把争论引向深入,《IEEE 专家系统》杂志 1994 年组织专题论坛,发表艾尔康此前论文的修改稿,邀请十多位专家撰写批评文章,再由艾尔康博士答辩。虽然取得不少共识,但分歧依然是深刻的。

艾尔康的批评无疑有合理之处,模糊逻辑的理论基础确实薄弱,许多缺陷早在 20 世纪 70 年代已经发现。例如,有学者在当时就正确指出,模糊集合论依据极大、极小原则定义集合的析取和合取运算,根据很不充分,与人脑运用模糊概念处理信息的方式比较,显得太机械,用现有的模糊集合运算逼近人脑思维很不理想。人们在运用模糊推理得到以模糊集合表示的结论后,常常感到难以给出适当的语言近似,即明证。艾尔康所说的两个矛盾是客观存在,但视之为逻辑悖论乃艾博士的误解。把模糊逻辑在控制技术等方面的应用说成似是而非的成功,不是严肃的科学态度。说穿了,还是"精确性崇拜"在作怪。必须承认,模糊逻辑已经取得的成功是实实在在的。

俗话说,卖什么的就吆喝什么。某些从事模糊理论和应用的学者对模糊逻辑的现状也有过分乐观的估计。札德本人关于

"模糊逻辑已经羽翼丰满"① 的估价，便显得言过其实。模糊逻辑成果累累，正在不断深入，札德在 20 世纪 90 年代开创的语词计算对于揭示人脑使用的模糊逻辑的真面目很可能有重要价值。札德用"模糊逻辑 = 语词计算"的公式来强调它的重要性，深有含义，值得花大力气去研究。但远不能说模糊逻辑已经羽翼丰满。在历史上，牛顿时代的微积分遭遇的状况是，解决实际问题很管用，但理论基础很薄弱，长期受到科学界的批评质疑，甚至遭到贝克莱大主教的猛烈攻击。模糊逻辑目前的境遇与此多少有些类似，只是现代社会对新事物比那个时代宽松多了。

模糊学界流行一种说法，认为 21 世纪更模糊。这个命题有点广告词的味道，值得细究。模糊性与精确性是一对矛盾，只能相比较而存在，相对立而发展。在 21 世纪的各个领域中，模糊性与精确性都会有更大发展，有的方面比 20 世纪更模糊，有的方面比 20 世纪更精确。军事领域即一例。随着以信息技术为核心的高新技术进入军事领域，不仅出现了具备前所未有的精确打击武器，而且军事计划、军事演习、军事指挥都变得高度定量化、精确化，战争过程工程化，致使未来的战争成为精确化战争。但正是这种精确化，导致战争的模糊化：战争与和平，

---

① Lotfi A. Zadeh. 模糊集与模糊信息粒理论. 阮达，黄崇福，编译. 北京：北京师范大学出版社，2000：333.

核战与非核战,军事手段与非军事手段,战前准备与战争开始,战略、战役与战术,军用与民用,等等,它们之间原本分明的界限都变得模糊了。新闻界原是非军事部门,但在 2003 年发生的伊拉克战争中,美英媒体全面而深入地卷了进去,其作用要大于几个师的军队,军与民的界限显得十分模糊。非军事领域也如此。在现实生活中,精确性的提高将促进模糊性的提高,模糊性的提高也促进精确性的提高,这就是辩证法。模糊学经过半个世纪的开发已经站稳脚跟,在 21 世纪将获得更大发展,这是没有疑义的。但如果由此而断定 21 世纪更模糊,则是片面的,因为 21 世纪的另一面是变得更精确。

另一种在中国流行的观点也需要认真质疑。中国学者喜欢辩证思维,模糊学的勃兴激发了他们的灵感,运用否定之否定原理:

$$\text{肯定} \rightarrow \text{否定} \rightarrow \text{否定之否定} \tag{10.4}$$

概括出以下科学发展新模式:

$$\text{模糊} \rightarrow \text{精确} \rightarrow \text{模糊} \tag{10.5}$$

如果仅就模糊逻辑、模糊方法、模糊思维的兴衰发展看,这种说法颇有深意。模糊逻辑、模糊方法、模糊思维在古代颇为盛行,算是辩证公式中的第一个环节,即肯定;随着精确科学近 400 年来的巨大发展,模糊逻辑、模糊方法、模糊思维被定性为非科学的货色，排除于科学大厦之外，这是公式中的那个否定环节；模糊学的诞生，模糊逻辑、模糊方法、模糊思维的科学价值被重新确认，构成公式中的第三个环节，即否定之否定。总之，总体上呈现出螺旋式发展趋势。在这种意义上，(10.5)有合理性。但是，如果把视野扩大到整个科学、学术领域，(10.5)就十分可疑。它等于说，精确逻辑、精确方法、精确思维已经过去，只有模糊逻辑、模糊方法、模糊思维才能代表现在和未来。这显然是错误的。精确逻辑与模糊逻辑，精确方法与模糊方法，精确思维与模糊思维，是未来科学、学术和技术领域的并蒂莲，只有共同发展昌盛，才能撑起未来科学、学术和技术的辉煌大厦。

主要参考文献

1. 伯特兰·罗素. 论模糊性. 杨清，吴涌涛，译. 模糊系统与数学，1990，4（1）.

2. 《ACM通讯》编辑部. 如何处理现实世界中的不精确性——L. A. Zadeh 教授访问记. 廖群，译. 模糊数学，1984（12）.

3. Lotfi A. Zadeh. 模糊集与模糊信息粒理论. 阮达，黄崇福，编译. 北京：北京师范大学出版社，2000.

4. A Fuzzy Logic Symposium. IEEE Expert，1994（8）.

5. B. Kosko. Fuzzy Thinking: The New Science of Fuzzy Logic. Hyperion New York，1993.

6. 蔡贤浩. 形式逻辑. 武汉：华中师范大学出版社，2000.

7. 陈波. 逻辑学是什么?. 北京：北京大学出版社，2002.

8. 何向东. 逻辑学教程. 北京：高等教育出版社，1999.

9. 桂起权，陈自立，朱福喜. 次协调逻辑与人工智能. 武汉：武汉大学出版社，2002.

10. 黄顺基，苏越，黄展骥. 逻辑与知识创新. 北京：中国人民大学出版社，2002.

11. 黎千驹. 模糊语义学导论. 北京：社会科学文献出版社，2007.

12. 刘增良，刘有才. 模糊逻辑与神经网络. 北京：北京航空航天大学出版社，1996.

13. 马骥良，金井平. 模糊数学创始人札德的科学思维和方法. 西安：陕西师范大学出版社，1992.

14. 苗东升. 模糊学导引. 北京：中国人民大学出版社，1987.

15. 寺野寿郎. 模糊工程学：新世纪思维方法. 刘金才，李强，译. 沈阳：辽宁大学出版社，1991.

16. 孙连仲，等. 模糊思维. 西安：三秦出版社，1994.

17. 伍铁平. 模糊语言学. 上海：上海外语教育出版社，1999.

18. 吴望名. 模糊推理的原理和方法. 贵阳：贵州科学技术出版社，1994.

19. 汪培庄. 模糊集与随机集落影. 北京：北京师范大学出版社，1985.

20. 汪培庄，李洪兴. 模糊系统理论与模糊计算机. 北京：科学出版社，1996.

21. 何思谦. 数学辞海：第四卷. 太原：山西教育出版社，2002.

22. 朱梧槚，肖溪安. 从古典集合论和近代公理集合论到中介公理集合论. 自然杂志，1988（10）.

23. 塚本弥八郎. 模糊逻辑. 楼世博，等译. 世界科学，1982（4）.

后 记

《模糊逻辑趣谈》到这里就算谈完了。读者朋友，经历了这趟知识旅游，您是否对模糊逻辑有点喜欢了？我们不仅希望您喜欢它，而且希望您应用它，参与研究它。过去近40年中，致力于开发模糊逻辑的主要是技术科学家、数学家、工程师，功底深厚的逻辑学家尚未加入进来，几乎无人从事模糊逻辑的理论基础研究。目前的情况是，模糊逻辑的前景越来越诱人，前途光明，同时也问题多多，道路曲折。愿更多的年轻人关心它，参与研究它，为模糊逻辑在21世纪走向成熟添砖加瓦。

在结束本书之前，我还要说一点"先见之明"的自我评估。受到精确逻辑熏陶的读者可能会像苏珊·哈克等人那样，觉得它不大像逻辑，对本书的许多处理方法持有异议。例如，作者把深红、浅红、较合于、稍前几行等作为模糊概念来处理，你可能觉得不顺眼，称为模糊语词更合适。这不奇怪，你的意见确有合理之处，完全可以保留，咱们来个"两家争鸣"吧。但我也要坦率地说，你一定要在逻辑与非逻辑之间划出绝对分明的界限来，恐怕多少还有些"精确性崇拜"。语词和概念之间原本没有绝对分明的界限，这类模糊语词都具有模糊概念的功能，从逻辑角度给以分析处理不仅是可能的，而且是必要的，模糊逻辑在科技中的成功应用就是证明。其实，逻辑和语言之间没有绝对分明的界限；更一般地说，逻辑与非逻辑之间也没有绝对分明的界限。在现代科学中，不同学科的界限不分明处正是新学科的重要生长点，一旦分得清清楚楚，它们就不复存在了。读者朋友，宽容点吧，让模糊逻辑带有一些非逻辑成分，很可能不是坏事。

还有一点需要说明。大约是 2003 年，逻辑学家苏越教授计划出版一套"趣味逻辑学丛书"，约我写一本《模糊逻辑趣谈》。我接受了他的任务，书稿于 2005 年写成。不知什么原因，丛书计划"泡汤"，由于我忙于写其他著作，这个书稿被扔在一旁。一直到 2018 年 9 月，我才把它找出来，重新浏览一遍，觉得还有点用处。我花了 3 个月对原稿做了些细节性的修改，细心的读者不难从本书中发现那个年代的种种痕迹。最后要说的是：感谢中国人民大学出版社的支持，本书终于可以同读者见面了。

图书在版编目（CIP）数据

模糊逻辑趣谈/苗东升著. —北京：中国人民大学出版社，2020.5
ISBN 978-7-300-27843-8

Ⅰ.①模… Ⅱ.①苗… Ⅲ.①模糊逻辑-通俗读物 Ⅳ.①B815.6-49

中国版本图书馆 CIP 数据核字（2020）第 012206 号

模糊逻辑趣谈
苗东升 著
Mohu Luoji Qutan

出版发行	中国人民大学出版社		
社　　址	北京中关村大街 31 号	邮政编码	100080
电　　话	010-62511242（总编室）	010-62511770（质管部）	
	010-82501766（邮购部）	010-62514148（门市部）	
	010-62515195（发行公司）	010-62515275（盗版举报）	
网　　址	http://www.crup.com.cn		
经　　销	新华书店		
印　　刷	涿州市星河印刷有限公司		
规　　格	148 mm×210 mm　32 开本	版　次	2020 年 5 月第 1 版
印　　张	9.25 插页 2	印　次	2020 年 5 月第 1 次印刷
字　　数	164 000	定　价	38.00 元

版权所有　侵权必究　印装差错　负责调换

守望者
The Catcher